教養 統計学

森棟 公夫

新世社

本書で記載しているマイクロソフト製品は米国Microsoft社の登録商標または商標です．
その他，本書で記載している会社名，製品名は各社の登録商標または商標です．
本書では，® と ™ は明記しておりません．

まえがき

　統計学では集めたデータをどう整理するか，また，データの特色をどう要約するかといったデータ整理の方法を勉強します．調査対象に関するさまざまな考えが，データと整合しているかどうかも調べます．それを統計学では検定といいます．筆者は統計学の分野で研究をしてきましたが，本書は初めて学ぶ方を対象にして，データの整理と検定を中心に統計学の基礎をまとめたものです．

　新世社から中級の教科書である『統計学入門』を出版したのは1990年のことで，第2版を出してからもうすでに10年を超える歳月が経ちました．この20年間のパソコン機能の進化は驚きといった範囲を超えています．Excelがいまでは大学生にとっては基本的な素養に変貌しました．ほとんどの大学でExcel教育が進められ，統計学もExcelなしでは語れなくなったといってよいでしょう．このような時代の変化に伴って，統計学の教科書も大きく変化してきました．本書ではこうした状況を念頭に，統計学におけるExcel活用についても紹介しています．

　本書の構成は以下の通りです（担当される先生の参考のために，講義回数のイメージも添えました）．第1章は，相対度数分布（ヒストグラム）と，それを順に積み上げた累積相対度数分布が主たるテーマです（イントロダクションを入れ1.4.1項までで2回の講義）．第2章は，平均，分散，標準偏差（SD），2シグマ区間がキーワードになります（2.3.3項までで2回）．第3章は，データを整理するともたらされる分布の形を説明します（3.3.3項までで1回）．第4章のテーマは，分布の中心である正規分布の説明と使い方です（すべてで2回）．第5章は，平均の性質として統計学でもっとも素晴らしい定理である大数の法則と中心極限定理を説明します（5.1節をとばして読むとして2回）．第6章は，調査対象の性質のキーとなる値（母数）をデータを使って決める方法を考えます．統計学では，推定とよばれます（6.2.3項までで2回）．第7章は，調査対象が持っていると考えられる性質が正しいかどうか，データを使って調べる方法を説明します．統計学では検定とよばれます（7.4節までで3回）．第8章は，2

つの特性に関する二値データの整理法を説明します（8.2.4 項までで 1 回）．半期 15 回講義なら，このようなスピードが必要です．時間がなければ，第 6 章は 6.1 節だけ，第 7 章は 7.3 節までをカバーしてはどうでしょうか．なお確率について解説する必要がある際には，第 9 章に補論を加えましたので利用していただければと思います．

　本書の原稿を書き始めたのは，期末試験の採点も終わった 2011 年 2 月末でした．どう書き進めようかと迷っていたときに東日本大震災が起き，筆者の研究室がある建物も横波を受けた船のように揺れました．家に帰りテレビを見て，未曾有の天災の凄まじさを目の当たりにしました．話には聞き，映像では見ることがあっても遠い国の話のように思えていた大災害を国内で間近に経験し，悲劇の深さをあらためて思い直します．テレビのレポーターに「お母さんを探したい，でもお父さんをまず見つけて，お父さんと一緒にお母さんを探す」と答えていた幼いお子さんはお母さんを見つけることができたのでしょうか．被災地で学ぶ人たちの環境が少しでも良くなることを祈って，本書の印税は，東日本大震災からの復興のために寄付します．

　原稿を書き始める気配のない筆者の背中を，10 年を超えて押し続けてくださった編集部の御園生晴彦さん，いつも丁寧に校正をしてくださる清水匡太さんには深く感謝いたします．2010 年春に京都大学を退職して名古屋に移り，椙山女学園大学で教育を始めたことが本書を書き出す契機になりました．名古屋に一緒に移ってくれた妻のいつみにも感謝します．

　一言の文字もないモニター画面に章題を入れ，予定の内容を箇条書きにし，空いたスペースを文章で埋めていく苦しみは昔も今も変わりません．冬から執筆を開始し，暑い名古屋の夏も研究室に籠もって筆を進めました．書き上がってみると，本書にはことのほか大きな満足を感じています．

2012 年 1 月

森棟　公夫

目　次

まえがき ……………………………………………………………………… i

第 1 章　データの整理 …………………………………… 1

1.1　度数分布表 …………………………………………………… 2
1.1.1　度数分布表の作成 ……………………………………… 3
1.1.2　棒グラフ ………………………………………………… 5
1.2　ヒストグラムの作成 ………………………………………… 6
1.2.1　区間の統合 ……………………………………………… 6
1.2.2　高さの調整 ……………………………………………… 7
1.3　区間の比率 …………………………………………………… 8
1.3.1　平均の計算 ……………………………………………… 10
1.3.2　区間の比率を使った計算 ……………………………… 10
1.4　区間比率の累積 ……………………………………………… 12
1.4.1　累積相対度数分布 ……………………………………… 13
1.4.2　ローレンツ曲線 ………………………………………… 14
練習問題 ……………………………………………………………………… 19
1.5　補論——Excel「ヒストグラム」………………………… 21

第 2 章　代 表 値 ………………………………………… 26

2.1　中心の値 ……………………………………………………… 26
2.1.1　平　均 …………………………………………………… 28
2.1.2　中 央 値 ………………………………………………… 28
2.1.3　最 頻 値 ………………………………………………… 30
2.2　散らばり具合 ………………………………………………… 31
2.2.1　範　囲 …………………………………………………… 32
2.2.2　散らばり具合の比較 …………………………………… 35

	2.2.3	分　散 ··· 36
	2.2.4	標準偏差（SD） ·· 38

2.3　SD によるデータの調整 ··· 38
	2.3.1	2 シグマ区間 ··· 39
	2.3.2	データの基準化 ··· 41
	2.3.3	偏　差　値 ··· 43

2.4　平均に依存する SD ·· 45
	2.4.1	変動係数 ··· 45
	2.4.2	四分位分散係数 ··· 46

練習問題 ·· 48

2.5　補論──チェビシェフの不等式と Excel「基本統計量」 ········ 49

第 3 章　分布の形 ·· 53

3.1　離散データの分布 ·· 53
	3.1.1	硬貨投げゲーム ··· 53
	3.1.2	円グラフ ··· 57

3.2　連続データの分布 ·· 59
	3.2.1	左右対称な形 ·· 60
	3.2.2	双峰分布 ··· 61

3.3　歪んだ分布 ··· 63
	3.3.1	負に歪んだ分布 ··· 64
	3.3.2	正に歪んだ分布 ··· 65
	3.3.3	歪みの尺度 ··· 66

3.4　尖った分布 ··· 68
	3.4.1	尖りの尺度 ··· 69

練習問題 ·· 72

第 4 章　正規分布 ·· 73

4.1　正規曲線 ·· 73
	4.1.1	累積分布 ··· 74

4.2 身長の分布 ……………………………………………………76
4.2.1 正規密度分布との比較………………………………77
4.2.2 累積分布の比較…………………………………………79
4.3 正規分布の性質 …………………………………………82
4.3.1 平均が異なる正規分布………………………………83
4.3.2 標準偏差も異なる正規分布………………………84
4.3.3 標準正規分布……………………………………………85
4.4 正規分布から求まる比率 ………………………………86
4.4.1 標準正規分布の面積…………………………………86
4.4.2 標準正規の累積分布曲線…………………………88
4.4.3 一般の正規分布について……………………………89
4.4.4 2シグマ区間………………………………………………90
練習問題 ……………………………………………………………94
4.5 補論──標準正規分布表 ………………………………95

第5章 ランダムな標本と平均 ……………………97

5.1 ランダムな標本のとり方 ………………………………98
5.1.1 乱 数………………………………………………………98
5.1.2 二 進 法……………………………………………………100
5.1.3 偏った標本………………………………………………101
5.2 大数の法則 ………………………………………………104
5.2.1 実 験………………………………………………………106
5.2.2 再 集 計……………………………………………………109
5.3 中心極限定理 ……………………………………………112
5.3.1 実験2の度数分布………………………………………112
5.3.2 実験5の度数分布………………………………………114
5.3.3 大数の法則の棒は正規密度…………………………114
5.4 集中の様子 ………………………………………………116
5.4.1 区 間 幅……………………………………………………116
5.4.2 基 準 化……………………………………………………118
練習問題 ……………………………………………………………120
5.5 補論──Excel「乱数発生」 …………………………121

第6章 母集団の推定 …… 124

- 6.1 硬貨投げ …… 125
  - 6.1.1 確率 p の推定 …… 125
  - 6.1.2 1つの標本 …… 126
  - 6.1.3 中心極限定理と信頼区間 …… 128
  - 6.1.4 信頼区間の幅と標本の大きさ …… 130
- 6.2 正規分布についての推定 …… 131
  - 6.2.1 平均と分散の推定 …… 131
  - 6.2.2 電池の寿命の和は正規分布 …… 133
  - 6.2.3 未知の分散 v と区間推定 …… 134
  - 6.2.4 t 分布 …… 135
- 練習問題 …… 138
- 6.3 補論──期待値 …… 139
  - 6.3.1 標本平均の性質 …… 141

第7章 母集団を調べる …… 144

- 7.1 比率の検定 …… 144
  - 7.1.1 検定の基本 …… 146
  - 7.1.2 棄却域 …… 147
  - 7.1.3 P 値 …… 150
- 7.2 2つの過誤 …… 152
  - 7.2.1 第一種の過誤 …… 152
  - 7.2.2 第二種の過誤 …… 154
  - 7.2.3 ドーピング …… 156
- 7.3 比率の比較 …… 159
  - 7.3.1 2グループの比率の差 …… 160
- 7.4 正規分布に関する検定 …… 165
  - 7.4.1 平均の検定 …… 165
  - 7.4.2 平均の比較 …… 170
- 7.5 分散を使う検定 …… 172
  - 7.5.1 分散比に関する検定 …… 172

	7.5.2　F 分布	173
	7.5.3　多グループの平均	175
	7.5.4　級内変動と級間変動	177

練習問題 ……………………………………………………………… 179

7.6　補論――t 検定 …………………………………………… 181

第 8 章　相関と回帰 …………………………………… 182

8.1　二値データの整理 ………………………………………… 183
    8.1.1　二値の度数分布表 …………………………………… 186
    8.1.2　周辺度数分布 ………………………………………… 187

8.2　数学と国語の相関 ………………………………………… 189
    8.2.1　共 分 散 ……………………………………………… 189
    8.2.2　相関係数 ……………………………………………… 191
    8.2.3　検　　定 ……………………………………………… 192
    8.2.4　さまざまな相関値 …………………………………… 193

8.3　相関係数の諸問題 ………………………………………… 196
    8.3.1　相関係数が無意味なデータ ………………………… 196
    8.3.2　層別化の影響 ………………………………………… 198

8.4　線形の関係 ………………………………………………… 201
    8.4.1　散布図と回帰直線 …………………………………… 202
    8.4.2　回帰直線の推定 ……………………………………… 203
    8.4.3　回帰直線の検定 ……………………………………… 204

練習問題 ……………………………………………………………… 206

8.5　補論――偏相関係数と Excel「回帰」…………………… 207

第 9 章　補論――確率入門 …………………………… 210

9.1　確　率 ……………………………………………………… 210
    9.1.1　確率の基本ルール …………………………………… 211
    9.1.2　確率の性質 …………………………………………… 212
    9.1.3　事象の数 ……………………………………………… 214

9.2 条件つき確率と独立な事象 ……………………………………216
9.2.1 条件つき確率 ………………………………………216
9.2.2 独立性と従属性 ……………………………………218
9.2.3 誕生日のパラドックス ……………………………221
9.3 ベイズ・ルール ………………………………………………222
9.3.1 比例配分で考える …………………………………222
9.3.2 条件と結果の逆転ルール …………………………225
9.3.3 更 新 ………………………………………………227
9.3.4 青色タクシーひき逃げ事件 ………………………228
9.4 デザート …………………………………………………………231
9.4.1 三囚人問題 …………………………………………231
9.4.2 モンティ・ホール問題 ……………………………233

練習問題の考え方（略解）……………………………………………236
索　引 ……………………………………………………………………241

第1章 データの整理

調査の結果，データが得られたとします．また，このデータは数値の集まりになっているとします．統計学の第1の目的は，このような調査によって得られた**データを整理して，その性質を理解**することです．

4年制大学新卒男子100名に関する初任給のデータを見てみましょう．このデータでは，100人の新卒者初任給月額が，最少額である17万2000円から，最高額である26万2000円まで1000円刻みで順に並べられています（「2009年版モデル賃金実態資料」を参考にしました）．

例1.1 初任給のデータ（単位：万円）

17.2	17.2	17.7	18.0	18.4	19.0	19.1	19.1	19.3	19.3
19.3	19.3	19.4	19.4	19.5	19.5	19.5	19.6	19.7	19.7
19.8	19.8	19.8	19.9	20.0	20.0	20.0	20.1	20.2	20.2
20.2	20.2	20.2	20.3	20.3	20.3	20.3	20.4	20.4	20.4
20.4	20.4	20.4	20.4	20.4	20.4	20.5	20.5	20.5	20.5
20.5	20.5	20.6	20.6	20.6	20.6	20.6	20.6	20.6	20.7
20.7	20.7	20.7	20.7	20.8	20.8	20.8	20.8	20.8	21.0
21.0	21.0	21.1	21.2	21.3	21.3	21.3	21.3	21.4	21.4
21.4	21.5	21.5	21.5	21.5	21.6	21.7	21.7	21.7	21.7
21.8	21.8	21.9	21.9	22.6	22.8	23.4	24.2	24.2	26.2

データにはこのように多くの数値が含まれますが，初任給としてどのような値が普通なのか，どのくらいの額なら初任給として高額なのか，あるいは低額

なのかといった知識がしばしば必要とされます．就活中の学生なら，自分が志望している会社の初任給が 18 万 5000 円だったとすると，その額が他社に比べて高いのか安いのか知りたいと思うのは当然でしょう．このような判断をするには，初任給の度数分布表が役立ちます．データを理解するための出発点です．

1.1　度数分布表

表 1.1 では，初任給は区間に分けられ，区間ごとの度数が集計されています．ただし，各区間は，下限以上，上限未満と定めています（区間を，「下限超，上限以下」と決めて度数を集計することも可能です）．

各区間に何人入るかというカウント結果が区間の度数です．度数の全体を，度数分布といいます．分布とは，全体を眺めて分かる変化の様子のことです．表 1.1 では初任給の額も合わせて検討します．各区間の度数を総数で割れば比率が求まります．比率に 100 を掛けるとパーセント値（百分率）になります．度数分布表とは，どのような額がどのような割合を占めるのかといった，初任給の分布の状況をまとめた表のことで，表 1.1 のようになります．

表 1.1　初任給の度数分布

区間（万円単位）	中点	度数（人数）	百分率（％）	判断
17 以上 18 未満	17.5	3	3	低
18 以上 19 未満	18.5	2	2	低
19 以上 20 未満	19.5	19	19	普通
20 以上 21 未満	20.5	45	45	普通
21 以上 22 未満	21.5	25	25	普通
22 以上 23 未満	22.5	2	2	高
23 以上 24 未満	23.5	1	1	高
24 以上 25 未満	24.5	2	2	高
25 以上 26 未満	25.5	0	0	高
26 以上 27 未満	26.5	1	1	高
総計		100 人	100 ％	

データを表にまとめれば，初任給が 20 万円前後に集中していることが理解できます．19 万円以上 20 万円未満の区間に全体のほぼ 20 % が入り，20 万円以上 21 万円未満の区間にはほぼ半分の 45 %，21 万円以上 22 万円未満の区間に 25 % が入ります．新卒者のほぼ 9 割が，19 万円から 21 万円の間に集中しています．

表の 2 列目には区間の中点が示されていますが，区間を代表する値（区間代表値）になっています．たとえば，最初の区間なら，その下限値と上限値により，中点は

$$\frac{17+18}{2} = 17.5$$

となります．これが最初の区間を代表する値です．

最後の列は，初任給が高いかどうかといった判断を示しました．19 万円未満が最低額から 5 %，同様に，22 万円以上は最高額から 6 % を占めているので，低，高と記しました．低額および高額 5 % を各々低，高と判断したいところですが，高額の範囲はちょうど 5 % になるグループを作れません．

度数分布表は基本的な統計分析の道具です．次項では，この度数分布表の作り方を説明しましょう．

● 1.1.1 度数分布表の作成

ここでは，度数分布表と，それを図にした棒グラフの作り方を説明します．まず，初任給のグループを作り，グループに入る人数をカウントします．グループは初任給の区間になっています．カウント結果の全体が度数分布表です．度数とはカウントのことですが，頻度（frequency）ともいいます．

■ 区間の設定

データの最小値 17.2 万円と最大値 26.2 万円をもとに，グループを決めます．基本的なルールとして，グループは等間隔とします．そこで，全体をカバーするため，17 万円から 1 万円刻みの 10 等区間を作ります．次に，各グループに入る新卒者をカウントします．

区間数は注意して選ばないといけません．区間数が多くて各区間が狭すぎる

と，データの特徴を把握することができません．また，逆に，区間数が少なすぎても比較の役に立ちません．初任給のデータでは，理解のしやすさを考えて，区間を万円刻みとし，その結果，10区間ができました．逆に，1区間を2万円幅にすると，区間数が減りすぎて，表を見る人の興味に応えることができないでしょう．

■ カウントの基本

度数分布表を作成する際の注意をまとめておきます．

1　区間は，区間の下限以上（≦），上限未満（<）と設定し，区間の端点が二重にカウントされないように注意します．「下限以上」は下限を含み，「上限未満」は上限を含みません．たとえば最初の区間は，17万円以上18万円未満ですが，このグループは17万円を含み18万円を含みません．カウントの結果が先ほどの表1.1です．

2　区間幅は，表の中心部では等しく設定します．これは，次項で説明する棒グラフにおいて，棒の高さからグループの度数（カウント）を把握するために必要な操作です．両端の区間では，度数が非常に少なくなるために必ずしもこのルールを守る必要はありません．

3　当然ですが，各データ値は，必ずどこかの区間に入ります．数え忘れをしないようにしてください．

■ カウント結果

表1.1は，このようなルールに従って作成されました．表1.2は，手書きによるカウントの例です．データが大きい場合，度数分布表を手計算で作成する

表1.2　カウントの仕方

区間（万円単位）	中点	カウント	区間度数（人数）
17以上18未満	17.5	下	3
18以上19未満	18.5	丁	2
19以上20未満	19.5	正正正正	19
		以下省略	

のは手間がかかり，間違いを起こします．そこで，今日では，表計算ソフトの Excel で度数分布表を作るのが普通です．

■ 区間設定上の注意

区間設定の仕方として，下限超（<），上限以下（≦）とすることもあります．下限値はこの区間に入らず，上限値が入ります．17 万円超 18 万円以下だと，このグループは 17 万円を含まず，18 万円を含みます．所得税では，課税対象の所得金額が 195 万円以下ならば税率は 5 ％など「上限以下」で定められているためか，所得の分布では，上限以下の区間を設定することが多いようです．

● 1.1.2　棒グラフ

度数分布表（表 1.1）から作成した棒グラフが図 1.1 です．縦軸の座標は度数（カウント），横軸の座標は区間の中点とします．

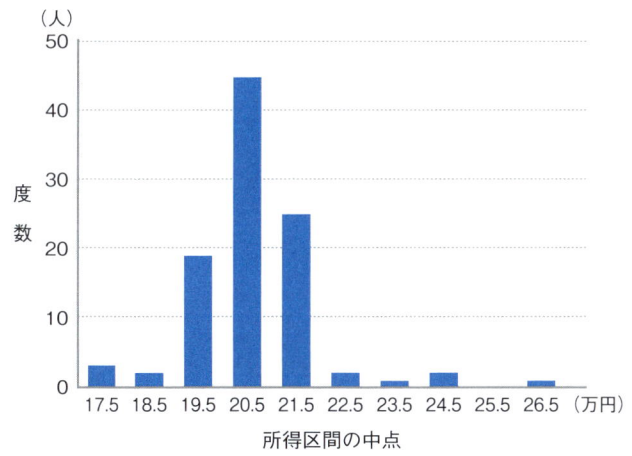

図 1.1　初任給の棒グラフ

この例では，調査対象が 100 人であるため，度数を 100 で割ることにより区間の比率（あるいは割合）が計算できます．それを 100 倍すれば％になります．区間の比率は，統計学では相対度数とよばれます．一番高い棒は 20.5 万円区間

で，45人がこの区間に入り，また同時に全体の45％の初任給がこの区間に入っています．他の区間についても同様のことがいえます．棒の高さから，初任給は中央の3つの区間に集中し，また，21.5万円区間のほうが19.5万円区間より大きい割合を示すことが分かります．初任給の最大値26万2000円が飛び抜けて高い額であることも，棒が他から外れた右の位置にあることから分かります．

通常の初任給は19万から22万円の範囲に含まれますが，全体の最低は17万円，また最高は25万円くらいとみなしてよいでしょう．25万円を超える額は，本人の資質と会社の事情によりますが，通常あり得ないことが分かります．

1.2 ヒストグラムの作成

● 1.2.1 区間の統合

度数分布表の作成では，中央の度数の高い区間では区間幅を等しくとることが原則ですが，両端では区間をまとめ，グラフを簡潔にすることが許されています．そのために，表1.1を表1.3のように修正します．最初の2区間は，度数が5の1区間に統合されています．同様に，高額の4区間は，度数が4の1区間に統合されています．区間の統合に合わせて，区間の中点も調整されます．最初の区間については両端が17と19ですから，

表1.3 両端をまとめた初任給の度数分布

区　　間	中　点	区間度数	相対度数
17以上19未満	18	5	0.05
19以上20未満	19.5	19	0.19
20以上21未満	20.5	45	0.45
21以上22未満	21.5	25	0.25
22以上23未満	22.5	2	0.02
23以上27未満	25	4	0.04
総　　計		100人	1
（単位万円）			区間の比率

$$\frac{17+19}{2}=18$$

となります．区間が多くて，表全体の傾向が理解しにくい場合では，このような区間の統合により，表の簡単化が行われます．

4列目の相対度数は，区間度数が全体に占める比率で，区間度数を総数100で割れば求まります．区間の比率ですから，比率の高い区間，低い区間が一見して分かります．

● 1.2.2　高さの調整

表の変更に合わせて，棒グラフも図 1.2 のように修正します．この棒グラフでは，棒の面積が区間の度数を表すように，工夫しています．最少額の区間は，17万以上19万未満なので，区間幅は中心部の1区間の2倍となります．だから，高さは

$$\frac{度数の合計5}{2}=2.5$$

と調整します．つまり，この区間の棒の面積，

$$底辺 2 \times 高さ 2.5 = 5$$

が，度数5に対応しています．

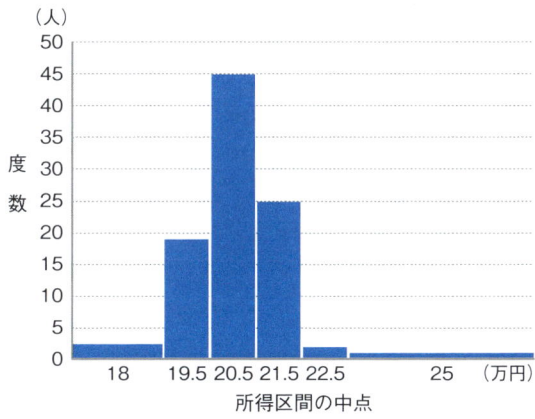

図 1.2　度数の分布（ヒストグラム）

同じく，最高額の区間は23万以上27万未満ですから，区間幅は中心部の4倍となっています．だから，棒の高さは，度数の合計4をもとの区間数4で割った値，1とします．この区間の棒の面積，

$$底辺 4 \times 高さ 1 = 4$$

が，度数4に対応しています．

複数の区間をまとめるときは，棒の面積が度数を示すように高さを決めないといけません．本書では，このように，面積が度数を表すように工夫をした棒グラフを，ヒストグラムとよびます．この工夫をしなければ，たとえば座標値18における棒の高さは5のままです．同じく，25における棒の高さは4となります．こうなると，棒グラフからもたらされる印象が違ってきます．

1.3 区間の比率

各区間に入る初任給のカウント（数えた結果の数字）を区間の度数，また，カウントを総数で割った値を区間の比率，あるいは全体に占める度数の割合から相対度数とよびます．

統計学では，カウントの総数のことを，データの大きさとよびます．

区間の比率の総和は1になります．17～19, 19～20, 20～21, 21～22, 22～23, 23～27区間の比率は，0.025, 0.19, 0.45, 0.25, 0.02, 0.01となっており，総和は確かに1です．

ここまでの棒グラフでは，度数が縦軸の目盛りでした．この棒グラフの欠点は，データが大きいと，中心となる区間の度数が非常に大きな値をとることです．初任給データでは大きさが100，そして中心の度数は20ほどになっています．もし大きさが1000とか1万になると，中心部では，200とか2000という度数が出てきます．データの大きさによって区間がとる度数が大きく変化するのが，このようなヒストグラムの特徴です．ですから，データの大きさによって，度数の値が実際に大きいのかどうか慎重に検討する必要も出てきます．

この問題を回避するために，ヒストグラムの縦軸に比率をとる方法がありま

す．手続きは簡単です．こうすると，データの大きさが変わっても縦軸は共通になり，他のヒストグラムとの比較が容易にできます．

たとえば女子の初任給調査結果が，50人分手に入ったとします．先の男子のデータと違いはあるのかどうか，違いはどのくらいなのかなど，いろいろと調べたくなるのは当然でしょう．女子について平均，標準偏差を計算し，さらに各所得区間の比率を調べてヒストグラムを作れば，比較は簡単です．

表1.3 ではすでに区間の比率が計算されています．ですから，ヒストグラムは縦軸の目盛りを変更するだけで，図1.3 のように作成することができます．区間の比率の全体を，相対度数分布といいます．区間の比率の和は1になります．これが相対度数分布の特徴です．分布とは全体を示すという意味です．棒の面積は，区間の比率を表現しています．

最高額の区間は23万以上27万未満で，区間幅は4となっています．棒の高さは，区間の比率0.04を区間幅4で割った値，0.01と調整します．この区間の棒の面積，

$$底辺 4 \times 高さ 0.01 = 0.04$$

が，相対度数0.04に対応しています．

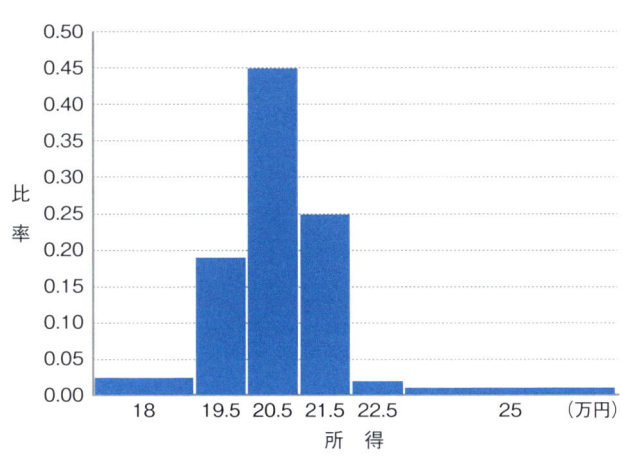

図 1.3　相対度数（区間の比率）の分布

● 1.3.1　平均の計算

データには多くの値が含まれていますが，その中で中心の値はいくらでしょうか．答えはいろいろありますが，代表的な中心の値が平均です．

平均は，初任給の合計を，総人数 100 で割って求めます．一般的には，

$$\text{平均} = \frac{\text{値の合計}}{\text{総数}}$$

と計算します．初任給データでは，合計が 2059 なので，

$$\text{平均} = \frac{17.2 + 17.2 + 17.7 + \cdots + 24.2 + 24.2 + 26.2}{100} = \frac{2059}{100} = 20.59$$

となります．一番度数が高い区間が（20 以上 21 未満）ですから，平均はだいたいこの区間の中点 20.5 に近い値になっていることが分かります．

上の式を分解すると，

$$\text{平均} = \frac{17.2}{100} + \frac{17.2}{100} + \frac{17.7}{100} + \cdots + \frac{24.2}{100} + \frac{26.2}{100}$$
$$= \frac{1}{100} \times 17.2 + \frac{1}{100} \times 17.2 + \cdots + \frac{1}{100} \times 24.2 + \frac{1}{100} \times 26.2$$

と書けます．上式の下段は，初任給の個々の値に，共通な $\frac{1}{\text{総数}}$ という重み（または比重，ウエイト）を掛けて総和を計算すれば，平均が求まるという意味を示しています．重みの合計は 1 でないといけません．最初の値 17.2 は，その $\frac{1}{100}$ が平均に貢献しています．2 項目以下の値も同様の意味を持ちます．

同額が繰り返して観測されていますから，同額をまとめると，

$$\text{平均} = \frac{2}{100} \times 17.2 + \frac{1}{100} \times 17.7 + \cdots + \frac{2}{100} \times 24.2 + \frac{1}{100} \times 26.2$$

となります．最小の値 17.2 についてみれば，この値は 2 回観測されているから，$\frac{2}{\text{総数}}$ という比重がかかります．24.2 などの他の値についても同様です．繰返しがあれば，繰り返した回数だけ比重が重くなるという考え方です．平均の値はもちろん変化しません．

● 1.3.2　区間の比率を使った計算

棒グラフ，あるいは棒グラフのもととなる相対度数分布表から，表に示され

た区間の中点と，区間の比率だけを使い，平均を近似的に計算することもできます．表1.3をもとにすれば，区間の中点は 18, 19.5, 20.5, 21.5, 22.5, 25 であり，度数は繰返しの回数で，各々 5, 19, 45, 25, 2, 4 となっていますから，平均の計算は，区間の比率と中点の値を掛けて足し，

$$平均 = \frac{5}{100} \times 18 + \frac{19}{100} \times 19.5 + \frac{45}{100} \times 20.5 + \frac{25}{100} \times 21.5$$
$$+ \frac{2}{100} \times 22.5 + \frac{4}{100} \times 25$$
$$= 20.655$$

となります．たとえば 18 万円が 5 回繰り返して観測されたと考えますから，区間の比率 $\frac{5}{100}$ が比重となります．すべての値ではなく，区間の中点と区間の比率だけを利用するので，計算が簡単です．ただし，厳密な計算では 20.59 となりましたから，多少の誤差が生じます．

❖ コラム　シンプソンのパラドックス

　度数分布表を作成すると，区間ごとの結果と全体の結果が矛盾することがあります．シンプソンのパラドックスとよばれるこの現象を表1.4を参照しながら，説明しましょう（Rinott & Tam, 2003）．この表は 1992 年と 2002 年に行われた大規模な試験をもとにしてつけた成績 A，B，C 各グループの人数の割合と，成績グループ別の国語と数学の平均点です．割合の合計は 100 ％です．1992 年と 2002 年の比較をしてありますが，各成績グループごとの平均点をみると，すべてのグループにおいて点数は低下するか同じ点数になっています．少なくとも点数が上がるグループはありません．しかし，成績 A，B，C のグループ分けをせず，この節の方法で全体の平均点を求めると，国語は 0.3，数学は 1.2 上昇しています．各グループの％を人数とみなして全体の平均を計算し，この現象を確認しましょう．

　このように小グループに分割した結果と全体の結果が矛盾する現象をシンプソンのパラドックスといいます．この例でパラドックスが起きる計算上の原因は，C 評価のグループの人数が減っていることにあります．そのため，グループごとに平均が低下しても，全体としては上がります．

　このデータでは，C グループのよくできる生徒は 5 ％ B に動いています．そうすると C グループの平均は下がります．B は上位の生徒が A に 10 ％移り，

表 1.4　グループと全体の平均点

	各グループの人数の割合		国語平均点			数学平均点		
	1992	2002	1992	2002	増減	1992	2002	増減
A	31 %	41 %	56.9	56.1	−0.8	57.7	57.7	0
B	52 %	47 %	48.6	47.9	−0.7	48.6	48.6	0
C	17 %	12 %	43.4	42.4	−1.0	42.8	42.4	−0.4
全体	100 %	100 %	50.3	50.6	+0.3	50.4	51.6	+1.2

(参考) Rinott, Y. & Tam, M. (2003). Monotone regrouping, regression, and Simpson's paradox. *The American Statistician*, **57**, 139–141.

さらに C グループから入ってきた生徒のために平均は下がります．A グループも B グループから移ってくる生徒のために平均は下がります．しかし，全体としては，各グループの一部が上位のグループに移るのですから，平均は高くなっているという説明ができます．区間の設定には注意が必要ですが，この例では各グループの割合を変えなければ問題は起きなかったでしょう．

1.4　区間比率の累積

　表 1.3 を拡張して，新しい表 1.5 を作りましょう．新しい部分は 3 列目と 5 列目です．累積度数は，区間上限未満の度数の総和です．累積とは積み重ねることですが，ここでは最低区間から足すことを意味します（表 1.5 では，上の行から足します）．最初の区間については区間度数の 5 と同じです．2 つ目の値は 20 未満の総数で，24 となります．以下，同様に計算していきます．

　5 列目は，区間の比率を最低区間から足し合わせた値です．積み足した相対度数なので，累積相対度数とよばれます（この度数分布表では，上の行から足します）．累積相対度数を 100 倍すると ％ 値が得られます．累積相対度数は，累積度数が全体に占める割合ですから，累積度数をカウント総数 100 で割っても求まります．

　累積相対度数の表では，区間の中点は必要ではありません．もとの区間でいえば，累積したのは区間上限未満の度数です．したがって，必要なのは区間の

表 1.5 初任給の累積相対度数分布

区間上限	区間度数	累積度数	相対度数	累積相対度数
19 未満	5	5	0.05	0.05
20 未満	19	5+19= 24	0.19	0.05+0.19=0.24
21 未満	45	24+45= 69	0.45	0.24+0.45=0.69
22 未満	25	69+25= 94	0.25	0.69+0.25=0.94
23 未満	2	94+ 2= 96	0.02	0.94+0.02=0.96
27 未満	4	96+ 4=100	0.04	0.96+0.04=1.00
総　計	100人		1	
(下限は 17)		上から積み足した度数	区間の比率	上から積み足した区間の比率

上限値だけです．

●1.4.1　累積相対度数分布

　累積相対度数分布は累積相対度数の全体で，その変化の様子を表します．簡単に累積分布ということもあります．表 1.5 の 5 列目を折れ線グラフで描くと図 1.4 のようになります．図 1.4 の薄い線で示したように図 1.2 の棒を区間ごとに積み重ね，区間の上限で結んでいっても求まります．0 から始まり，少しずつ増加し，1 で終わります．減少することはありません．注意すべきなの

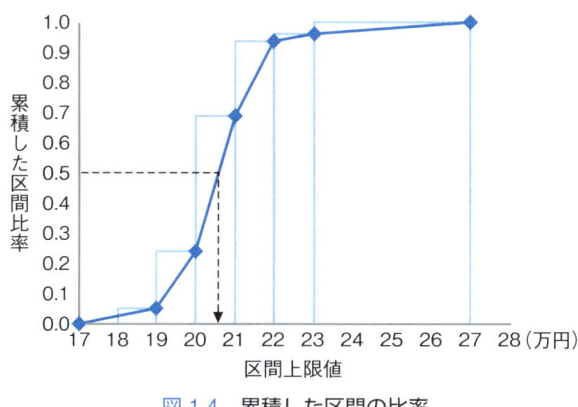

図 1.4　累積した区間の比率

は，棒グラフと違い横軸の座標値は区間の上限値になっていることです．区間の中点は，この折れ線グラフでは必要ありません．横軸の座標値も合わせてみると，19万円を超えると，区間の比率が大きいため，折れ線は急勾配で上昇します．しかし，22万円を超えると勾配が緩くなり，27万円で1に到達して停止します．

このような累積相対度数分布は，縦軸の比率を先に選び，その比率に到達する値（ここでは初任給の金額）を横軸から求める際に非常に有用です．たとえば，全体の50％目になる初任給を探したいとしましょう．全体の50％目とは，初任給全体を小さいほうから並べたときに中央に位置する初任給です．手続きは，縦軸の0.5をまず選び，0.5を通る横軸に平行な線を引き，折れ線グラフと交差する点を求めます．その点から横軸に垂線を下ろした交点の値，つまりおおよそ20.5が全体の真ん中に位置する初任給であることが分かります．全体の50％にあたる横軸の値を50パーセント点，あるいは50パーセンタイルといいます．第2章では，この値を中央値とよびます．同様に，任意の縦軸の値に対して，それをもたらす初任給の値，パーセント点を見つけることができます（25パーセント点や，75パーセント点も見つけてみてください）．

●1.4.2 ローレンツ曲線

累積相対度数分布の応用として，所得分配の様子を表現するのに便利なローレンツ曲線があります．簡単な例を用いて説明しましょう．表1.6の2行目は，5人の勤労者の月々の所得です．所得の単位は万円，また5人の所得は少額から順に並べられ，1行目に順位がつけられています．5人の所得の合計は2行目の右端に計算されており，265万円です．この総所得265万円が5人に分配されている状況を表現するのが，3行目の相対所得です．相対所得を累積していくと，4行目の累積相対所得になります．

ローレンツ曲線は累積相対度数分布の折れ線グラフで，4行目については図1.6の実線になります．以下，作り方を詳しく説明しましょう．

表 1.6 5 人の勤労者の所得

勤労者の所得順位	1	2	3	4	5	計（万円）
日本人の所得	29.5	39.7	49.7	61.6	84.4	265
相対所得	0.111	0.150	0.188	0.233	0.318	1
累積相対所得	0.111	0.261	0.449	0.682	1	
平等なケース	53	53	53	53	53	265
累積相対所得	0.2	0.4	0.6	0.8	1	
独占者がいるケース	0	0	0	0	265	265
累積相対所得	0	0	0	0	1	
アメリカ	0.048	0.153	0.313	0.548	1	

■ 作り方

総額 265 万円が 5 人に各々 29.5, 39.7, 49.7, 61.6, 84.4 万円分配されていると理解します．そうすると，いままでみてきた度数分布と同じく，所得の棒グラフを作成することができます．横軸に勤労者の所得順位をとり，縦軸には所得額をとる簡単な棒グラフです．次に，縦軸を比率（相対度数）に変えると図 1.5 となります．この例での比率は，各人の所得が 265 万円に占める比率で，それが表 1.6 の 3 行目の相対所得です．総所得が 265 万円，それが 5 人に分配されているわけで，相対所得とは分配比率を意味します．相対所得の総和は 1 です．

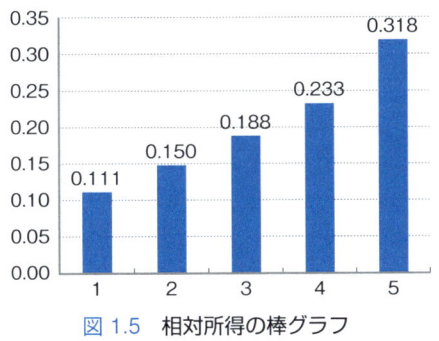

図 1.5　相対所得の棒グラフ

最後に相対度数を下から足して，累積相対度数を計算します．累積相対度数は，ここでは累積相対所得になっています．累積相対度数の計算方法に従っ

て相対所得を下位の区間から足していけば，表1.6の4行目の累積相対所得が求まります．1が最後の値になります．ここで，累積相対度数分布と同じ意味の累積相対所得の折れ線グラフを描くと，図1.6の弓形の線になります．これがローレンツ曲線で，図1.5の棒を順番に重ね，区間の上限で結んだ線です．

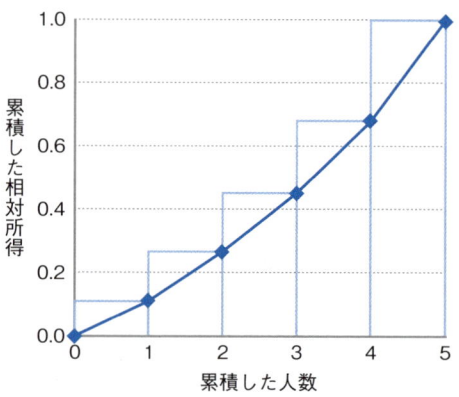

図1.6　累積した相対所得の折れ線グラフ

横軸は，人数の累積和で，低所得から1人，2人，⋯，5人と数えています（所得の順位は同時に各所得以下の「累積した人数」になります）．図としては，折れ線グラフではなく，累積相対所得と人数の散布図になっています．

■ 完全平等な所得分配

図1.6の弓形の曲線は，次のようなケースと比較することにより，所得分配の有様を表現していることが分かります．まず，265万円が5人に平等に分配されているケースを考えます（表1.6の5行目）．この場合は，各人の所得は53万円，そして各人の相対所得は0.2になります．所得が均等である以上，金額の順で5人に番号をつけることは無理ですから，適当に5人に番号を振り累積相対所得を計算すると6行目のようになります．累積相対所得の分布を折れ線で図1.6に書き込むと，図1.7の対角線に一致します．

所得が平等である場合のローレンツ曲線は，対角線に一致することが知られています．この対角線と比較すると図1.6の弓形の実線は下にあります．実は，

この弓形の線と対角線が解離すればするほど不平等の度合いが高いことを示しているのです．2 行目では所得は人によって異なり，5 番は 1 番の 3 倍近い所得を得ています．所得が人によって違いますから，そのためローレンツ曲線は対角線より下に位置します．

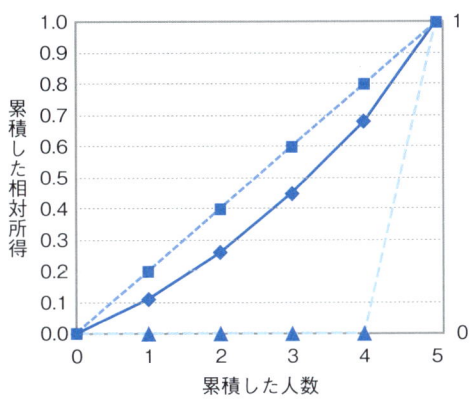

図 1.7　日本のローレンツ曲線（実線）

■ 独占の場合

表 1.6 の 7 行目は，5 人のうち 4 人が所得 0 円，1 人だけが 265 万円をすべてとってしまうケースで，独占者が 1 人いる状況です．この場合，4 人の相対所得は 0，独占者の相対所得は 1 となります．累積相対所得を計算すると，表の 8 行目のようになります．累積相対所得の折れ線は，図 1.7 の三角印が打たれている破線のようになります．最初の 4 人までは横軸と一致し，最後の 1 人で 1 にジャンプします．このローレンツ曲線（直線）がもっとも不平等な所得分配の状況を表します．

■ 累積所得の 50 パーセント点

ローレンツ曲線は累積相対所得分布ですから，図 1.4 と同様に，縦軸の累積比率を先に選べば，その比率に達する人の番号を横軸の値から探すことができます．たとえば，全体の所得の半分，累積相対所得が 0.5 にあたる人は，全体

の何番目なのか，といった疑問に答えることができます．日本では，図 1.7 に縦軸の 0.5 で横軸に平行な線を引き，ローレンツ曲線と交差する点の横軸の値を探すと，3.3 くらいになります．全体が 5 人では説明が難しくなりますが，全体が 100 人で，その 66 番目までの人の所得を合計すると，総所得の半分になるといえばイメージがつかみやすいのではないでしょうか（66 は 3.3 を 20 倍して求めました）．総所得の残りの半分は，残りの高額所得者 34 人が受け取っています．これは不平等を表しているといえます．

対角線で同じ分析をすると，100 人のうち 50 番目の人までで総所得の半分を受け取っており，確かに平等です．独占では 4.5 になることが図 1.7 から分かります．これは 100 人のうち 90 人分足してやっと全体の半分となり，高額所得者 10 人で残りの半分を受け取っているという分析ができます．

●練習問題●

本章の内容を理解するためには，実際の集計作業をすることが重要です．とくに今日では表計算ソフトの Excel で集計作業を行うことが多いため，この練習問題では Excel 操作が学べる問題を作りました．

1.1　Excel では，大小バラバラに並んだ値を，小から大，あるいは大から小に並び替える機能を持っています．統計処理の基礎として，下のデータを，点数の小さい順，また大きい順に並び替えなさい．

学籍番号	1	2	3	4	5	6	7	8	9	10	11	12	13
試験成績	60	62	77	92	0	0	79	0	0	65	0	0	0
学籍番号	14	15	16	17	18	19	20	21	22	23	24	25	
試験成績	0	69	74	0	0	74	95	0	80	0	0	49	

〈ヒント〉　2 行を Excel シートに入力する．次に，入力したデータを選択し，シート最上部のメニューリボンの［ホーム］を選び，右端近くにある［**並べ替えとフィルター**］，［**ユーザー設定の並べ替え**］と進む．入力データが 2 行の場合は，「列単位」を選択し，並び替える行（成績）を「最優先されるキー」のボックスで選ぶ．この結果，成績と学籍番号は成績順に並べ替えられる．データを 2 列に入力した場合は，オプションの「行単位」を選択して作業を続ける．

1.2　区間の上限を 18.9，20.9，22.9，24.9，26.9 として，1.5 節（p.21）に従って，初任給データの度数分布表を作り，表 1.1 との整合性を確かめなさい．さらに，この表をもとに，平均を計算しなさい．

1.3　次頁に成績データが与えられている．①と②の方法で成績の分布表を作成し，結果を比較しなさい．
　①　分析ツール「ヒストグラム」（1.5 節で紹介している）を用い，データ区間（上限値）を 60，70，80，90，100 として度数分布表を作る．
　②　①で行ったデータ区間（上限値）を 59，69，79，89，100 に変えて，同じ作

業をする.

15	23	27	35	49	48	60	60
60	60	60	61	62	64	65	65
66	66	67	67	67	69	69	70
71	71	72	72	73	73	74	74
75	75	76	76	76	77	78	79
79	80	80	81	82	83	84	84
85	86	87	87	90	93	96	100

1.4 成績データの度数分布表を，配列関数（結果が複数になる関数）frequency を使って作成しなさい．

〈ヒント〉 上限値は②と同じ．上限値は5個だから，上限値のセルのすぐ右に，あらかじめセルを6個選んでおきます（5個ではなく，余分の1個を下につける．6個のセルをアクティブにして，アミがかかった状態にします）．そして，関数 fx から frequency を選択し，最初にデータの範囲を指定し，次に5個の上限値のセルを指定します．最後に，Shift キーと Ctrl キーを押しながら，Enter キーを押すと，6個の選んだセルに結果がでます．最初に結果を出す複数のセルを選択しておき，式を入力した後，Shift + Ctrl を押しながら Enter を押して，複数の結果を一気に求めます．

1.5 表 1.6 のアメリカの累積相対所得分布を図 1.7 に書き込み，アメリカの所得分配が日本より不平等であることを確認しなさい．

1.5 補論──Excel「ヒストグラム」

　Excelでは，さまざまな統計処理を行うための道具箱，「分析ツール」が利用できます．「ヒストグラム」はツールの一つです．同じ初任給データをもとにして，「ヒストグラム」を使って表と棒グラフを作りましょう．このプログラムは便利で頻繁に利用されますが，利用に際しては，区間が自動的に下限超（<），上限以下（≦）と設定されることに注意してください．とくに，試験成績の作表では間違いが起きやすいので，区間設定について十分な配慮が必要でしょう．Excelの配列関数「frequency」も同様です．練習問題の1.3，1.4を参照してください．

　Excelにある分析ツールを使うには次の準備が必要です．ここでは，Windows 7におけるExcel 2010の手続きを説明します．

■ 準　備

　Excelを起動して，画面上部のリボンにあるタブの一番左側の［ファイル］タブをクリックします．次の画面で，左側のメニューにある［オプション］をクリックすると「Excelのオプション」というウィンドウが出ます．

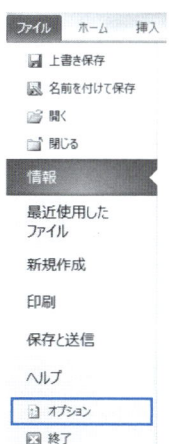

そこのメニューの［アドイン］をクリックすると，下のような表示になります．

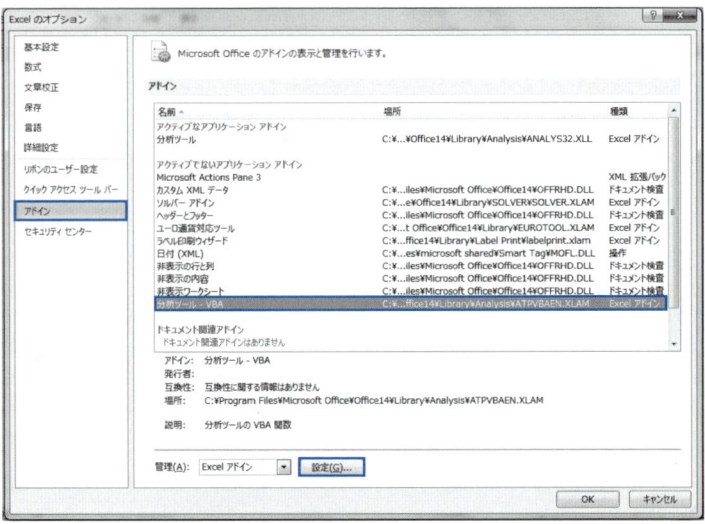

リストの中から［分析ツール］を選んで［設定］をクリックすると「アドイン」というウィンドウが出ます．その中の［分析ツール］にチェックを入れ，［OK］を押せば，準備完了です．

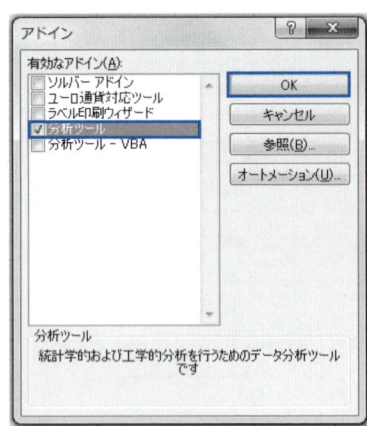

以降は，リボンの［データ］タブをクリックし［データ分析］を選択することで，データ分析のアドインソフトのウィンドウが立ち上がり，さまざまな機能を使うことが可能になります．

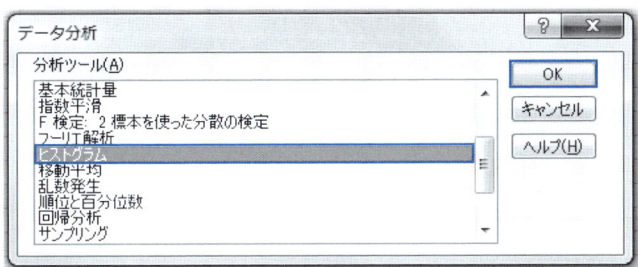

■ ヒストグラム

［データ分析］に入っている「ヒストグラム」の利用法を解説しましょう．データが入力されていれば，区間上限を入力するだけで度数を計算してくれるので，非常に便利なプログラムです．

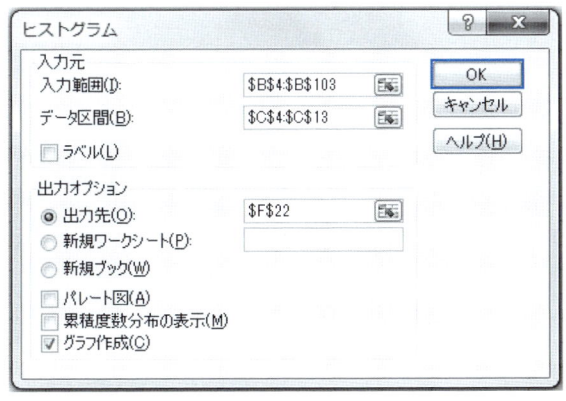

1　Excel が起動されており，分析ツールを使う準備ができているとします．データは B4 セルから B103 セルに入力されているとします．

2　表 1.1 と同じ結果を得るには，区間の上限に工夫が必要です．いま扱っているデータは万円単位ですから，上限値を整数値ではなく，17.9，18.9，19.9，20.9，$\cdots$，26.9 とします．区間上限の入力は，C4 セルから C13 セルとします（ただし，数値の単位がよく分からないときは，このような調整ができません）．

3　シート最上部のメニューリボンから［データ］を選び，右端の［データ分析］をクリックします．データ分析で使えるプログラムのリストが現れることを確認します．

4　［ヒストグラム］を選ぶと前頁の「ヒストグラム」のウィンドウが立ち上がります．

5　入力範囲に，データの位置を指定します．ダイアログボックスに，データ列の最初と最後のセルを絶対参照「\$B\$4:\$B\$103」で入れます．番地（セルの番号）は，ダイアログボックスの右端にある ￼ （ダイアログ縮小）をクリックし，表中のデータをドラッグ（マウスポイントを左クリックしたまま押し引き）すれば，自動的に入力できます．ドラッグする代わりに，最初の B4 セルをクリックし，Shift キーを押したまま，最後の B103 セルをクリックしても，同じ指定ができます．

6　Excel では区間の上限がデータ区間とよばれます．10 個の上限値「\$C\$4:\$C\$13」を，入力範囲と同様に絶対参照で指定します．データ区間を指定しないと，最小の値 17.2 と，最大の値 26.2 をもとにして，Excel が自動的に上限値（データ区間）を決めます．このような自動的に決めた上限値は，データの分布状況をおおまかに理解するには役立ちますが，データの性質をうまく表現する表ができるとはいえません．

7　［出力オプション］では「出力先」を選び，「出力先」の左上コーナーのセルを決めますが，そのセルをクリックすれば，番地（セルの番号）がボックスの中に記入されます．データの入力範囲と重ならなければ，セルの選択は自由ですが，ここでは，F22 セルとしましょう．出力オプションとして，「出力先」ではなく「新規ワークシート」を選ぶと，新しいワークシートに計算結果

が出力されます（筆者はもとのデータとの結びつきを忘れないために，つねに「出力先」を指定し，同じシートに結果を書き出しています）．

8 オプションとして，「グラフの作成」にチェックを入れ，棒グラフも描きましょう．ただし，図 1.2 のような，区間幅が変化するヒストグラムは作成できません．

第2章 代表値

　前章では，データの性質を理解するために，度数分布表を作りました．度数分布表から全体を眺めて，どのような値が頻繁に観測されるかを知ることができます．また，例1.1における26万円を超える初任給のように，稀にしか見ることができない値を見つけることもできます．この章では，データの分布全体を見るのではなく，データを1つの値で特徴づける代表値を紹介します．

　以下のデータは新生男児30人の体重です．

　　　　2024, 2032, 2554, 2568, 2572, 2621, 2623, 2637, 2737, 2865,
　　　　2870, 2979, 3038, 3152, 3286, 3307, 3331, 3334, 3343, 3353,
　　　　3377, 3414, 3422, 3427, 3625, 3690, 3841, 3884, 3954, 4490

　最小の2024gから最大の4490gまで，順に並べられています．このデータには30個の値が含まれますが，この個数をデータの大きさとよびます．「データ」は観測された値の集合を意味することが多いため，それらが観測されていない一般的な場合を扱う第5章では，データではなく標本あるいは「サンプル」という用語を使います．そのため，「データの大きさ」は「標本の大きさ」という表現に変わります．観測する値の数であるので，観測個数ということもあります．

2.1　中心の値

　代表値の最初は，データの中心的な値です．「だいたいこんな値が入ってい

る」という直感的な理解には欠かせない値になります．

体重データから度数分布表を作りました（表 2.1）．500 g 刻みの 5 区間とします．各区間は，下限超，上限以下で度数（カウント）が数えられています．この表では，もっとも頻度が高い区間は 3000～3500 g です．最頻値は区間の中点でいえば 3250 g でしょう．ただし，データが小さいので，最頻値は区間の設定の仕方により大きく変動します．図 2.1 は，この度数分布表から作成されています．

表 2.1 新生男児 30 人の体重の度数分布表

下限（超）	2000 g	2500 g	3000 g	3500 g	4000 g
上限（以下）	～2500 g	～3000 g	～3500 g	～4000 g	～4500 g
中　点	2250 g	2750 g	3250 g	3750 g	4250 g
度数（人数）	2	10	12	5	1

体重データの度数分布が図 2.1 に示されていますが，この度数分布を眺めて中心となる体重を 1 つの数値でいうとしたら，何 g がそれになるでしょうか．中心の値を表すものとして，まず全部を足して割って求める平均，そして真ん中の値である中央値，さらに一番頻繁に現れる最頻値があげられます．平均は直感的には分かりにくい値，中央値は真ん中の値，そして最頻値は一番度数が高い値です．図 2.1 から，おおよそ一番高い棒の中点である 3250 g が，中心の

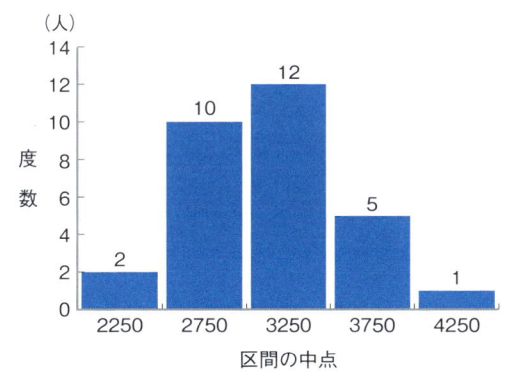

図 2.1 新生男児 30 人の体重の度数分布

値と理解されるのではないでしょうか．あるいは，一番高い棒と 2 番目の棒の境界である 3000 g が中心になるかもしれません．

それは当たり前という意見もあるでしょうが，逆にいえば，2250 g，3750 g，4250 g などは，中心の体重にはなりません．何らかの意味で納得がいかないと，中心の値としては使えません．

最初に注意を述べておきますが，平均，中央値，最頻値といった体重はけっしてよい体重を意味しません．一昔前は大きな赤ちゃんはよい赤ちゃんでしたが，医療が進歩した今日では 2500 g 以下の低出生体重児も同じ健康な赤ちゃんです．度数分布表は，分布を示しますが，善し悪しは意味しません．

●2.1.1 平　均

誰でも知っているデータ全体を代表する中心の値が平均（mean, average）です．前章で説明したように，新生男児の体重の平均は値をすべて足し合わせ，30 で割れば求まります．小学校のときから，クラスの平均点などの計算をします．平均はもっとも簡単な統計量です．統計量とは，データから求めた値のことをいいます．計算は，

$$\text{平均} = \frac{\text{体重の総和}}{\text{総数}} = \frac{94350\,\text{g}}{30} = 3145\,\text{g}$$

となります．前章のように式を分解すると，

$$\text{平均} = \frac{1}{30} \times 2024\,\text{g} + \frac{1}{30} \times 2032\,\text{g} + \frac{1}{30} \times 2554\,\text{g} + \cdots + \frac{1}{30} \times 4490\,\text{g} = 3145\,\text{g}$$

となります．平均の計算において，新生児 1 人の体重は，$\frac{1}{30}$ の貢献をしています．新生児各人から $\frac{1}{30}$ だけとり，それを 30 人分集めたのが，平均です．30 個の体重を一つひとつみるのではなく，平均体重だけをみて，30 人の体重を把握します．

●2.1.2 中　央　値

中央値とは，データを大きさの順に並べて見つかる真ん中の値をいいます．メディアン（median）あるいはメジアンとか中位数ともよばれます．データに

奇数個の数値が入っているなら，大きさの順に並べたときのちょうど真ん中の値が中央値です．たとえば，

$$\{2870\,\mathrm{g},\ 2979\,\mathrm{g},\ 3038\,\mathrm{g}\}$$

なら，2979 が真ん中です．だから，2979 が中央値です．数値を大から小に並べても同じです．次の例ではどうでしょう．

$$\{2637\,\mathrm{g},\ 2637\,\mathrm{g},\ 2665\,\mathrm{g}\}$$

同じ数値が並びますが，真ん中の値は 2637 ですから，中央値は 2637 とします．数値を大から小に並べても，やはり同じです．

　もとの新生児データのように偶数個の数値が並ぶ場合では，大きさの順に，中央の 2 つ 15 番目と 16 番目が真ん中といってもよいでしょう．そこで，15 番目 3286 と 16 番目 3307 の平均を中央値とします．計算すると

$$\text{中央値} = \frac{3286\,\mathrm{g} + 3307\,\mathrm{g}}{2} = 3296.5\,\mathrm{g}$$

となります．中央の 2 つの平均をメディアンとします．

　中央値は，極端な観測値が追加されても変化が小さいという特質を持ちます．たとえば，データが $\{2637\,\mathrm{g},\ 2637\,\mathrm{g},\ 2665\,\mathrm{g}\}$ だと，中央値 2637，平均は 2646.3 です．500 g が加わると，$\{500\,\mathrm{g},\ 2637\,\mathrm{g},\ 2637\,\mathrm{g},\ 2665\,\mathrm{g}\}$ の中央値は 2637 のままですが，平均は 2109.8 に減少します．

　30 個の体重に，500 g という極低出産体重（1.5 kg 未満）が加わったとします．中央値は，31 個の真ん中ですから，16 番目の値である 3286 g となります．平均は 3059.7 g と計算され，中央値より大きな変化を示します．

　中央値は，データに異常に大きな値や小さな値が加わっても，あまり変わらないという安定性を持っています．しかし，中央値を見つけるには，データを大きさの順に並べないといけません．これが非常に骨の折れる作業になります．とくに数値の数が多いと，並べ替えは不可能です．日本全体を考えると，年間約 70 万人の新生児体重から平均を計算することはできても，中央値を見つけることは難しくなります．

●2.1.3 最頻値

データの中で一番頻繁に現れる値で，モード（mode）とよばれます．並数という言い方もあります．ただし，最頻値が役に立つためには，各観測値が繰り返して現れるようなデータでなくては意味がありません．先の 30 個の体重ですが，30 個の値だけを眺めても，同じ値の繰返しは起きず，最頻値は見つかりません．

最頻値をデータの代表値として利用するには，データがかなり大きくないといけません．もし，データが大きいなら，最頻値は一目で見つけることができ，大変便利な指標になります．度数分布表（表 2.1）とともに棒グラフ（図 2.1）があれば，目視により最頻値が見つかります．したがって，データの中心の値として使える一番便利な代表値になります．

例 2.1 新生児の体重

表 2.2 は，各年における新生児の平均体重の変化を示しています．普通の体重がどのように変化してきたかを見てみましょう．新生児数は，1960 年では男児が 82 万 5000 人，女児が 78 万 1000 人，2008 年でも男児 56 万人，女児が 53 万 2000 人ほどです（「人口動態統計」（厚生省／厚生労働省），『日本の子ども資料年鑑 2010』（日本子ども家庭総合研究所，2010 年））．各年の平均体重から，男児のほうが女児より少し重いことが分かります．また，平均体重の最高は男女とも 1980 年ですが，その後，新生児の体重は 0.18 kg くらい減少しています．これは，「妊婦は赤ちゃんの分まで 2 人分食べろ」と言われた第二次世界大戦前後の困窮時代の反動が，30 年以上も続いた

表 2.2　出生時体重の変化

	1960	1970	1980	1990	2000	2005	2008
男児平均体重 (kg)	3.14	3.22	3.23	3.16	3.07	3.05	3.05
女児平均体重 (kg)	3.06	3.13	3.14	3.08	2.99	2.96	2.96
男児の低出生体重率 (%)	6.5	5.2	4.8	5.7	7.8	8.5	8.5
女児の低出生体重率 (%)	7.7	6.1	5.6	7.0	9.5	10.6	10.7

（出所）『日本の子ども資料年鑑 2010』

ことを物語っています．

　他方，母胎内で満期産に近い日数を過ごしても体重が 2.5 kg に満たない新生児は低出生体重児といわれ，医療上の配慮が必要なため，役所への届出が必要です．OECD（経済協力開発機構）のデータによると，日本の全新生児に対する低出生体重児の割合は 9.7 % になっています．長寿で代表されるように，日本の健康指標は国際的にみてほとんどが優れているのですが，この指標だけは，トルコに次いで OECD 中ワースト 2 です（"*Health at a Glance 2009 : OECD Indicators*"（2009 年））．原因としては，健康上の要因以外に，喫煙，妊娠前のダイエットなどがあげられています．科学的な検証がどのくらい進んでいるのか分かりませんが，あるテレビ番組は，ダイエットによって母体が飢餓状態になり，赤ちゃんが母体に合わせて小さくなると伝えていました．また，妊娠前の BMI（体格指数）が 19.5 以下の女性は，低体重児を出産する割合が高いという研究もあります（「低出生体重児出生率増加の背景要因に関する検討」（中村敬・長坂典子，2004 年（こども未来財団『平成 15 年度児童環境づくり等総合調査研究事業報告書』より））．妊娠後の体重変化は母子手帳に記録が残されます．低出生体重児の健康リスクに関する説明がないのでよく分かりませんが，少なくとも，2 人分食べろと言われた時代と比べれば，逆の行動が生じていることは間違いありません．（例 終わり）

2.2　散らばり具合

　データの中心の値として，平均，中央値，そして最頻値を説明しました．先の新生男児の体重では，度数分布表などから明らかなように，データの値は平均の周りに散らばっていました．しかし，実際は，この散らばりの具合は，データによってさまざまです．平均の周囲に集中しているデータ，全体が平らに分布していて平均にまったく集中しないデータなど，いろいろ考えられます．そこで，図を眺めるだけでなく，数値でばらつきを表現しようということで，分布の散らばり具合を示す尺度が使われるようになりました．

●2.2.1 範　囲

ばらつきを示す一番簡単な尺度は，最大値と最小値の差でしょう．これは，範囲（range）とよばれます．章の冒頭に与えられた新生男児体重のデータでは，最大値 4490 g，最小値 2024 g ですから，

$$範囲 = 4490\,\mathrm{g} - 2024\,\mathrm{g} = 2466\,\mathrm{g}$$

となります．これは簡単で便利ですが，最大値と最小値が 1 個の値だけに依存しているので不安定です．新しく測定された新生児が 1500 g を切る体重であるならば，範囲は一挙に 500 g 以上も増加します．

より安定している尺度として，四分位範囲が知られています．これは，大きいほうから $\frac{1}{4}$ の値と，小さいほうから $\frac{1}{4}$ の値の差です．下から $\frac{1}{4}$ に位置する値を第 1 四分位点といいます．これは 25 パーセント点と同じです．25 パーセンタイルともいいます．100 個の値があるとすると，小さいほうから 25 番目の値です．一方で，上から $\frac{1}{4}$ に位置する値を第 3 四分位点といいます．これは 75 パーセント点と同じです．75 パーセンタイルともいいます．100 個の値があるとすると，大きいほうから 25 番目の値です．

図 2.2 が 2 つの四分位点を示しています．第 1 四分位点より小さい値が全体の 12 個の $\frac{1}{4}$ である 3 個あります．第 3 四分位点を超える値も $\frac{1}{4}$ の 3 個あります．第 2 四分位点が抜けていますが，それは 50 パーセント点（50 パーセンタイル）ですから中央値を意味します．図 2.2 では，6 番目と 7 番目の中点が 50 パーセント点です．

図 2.2　四分位範囲

四分位範囲の定義は

$$四分位範囲 = 第\,3\,四分位点 - 第\,1\,四分位点$$

です．この値を 2 で割ったものを四分位範囲と定義することもあります．新生児体重を見てみると，第 1 四分位点は，小から数えて 7 番目が $\frac{7}{30} \fallingdotseq 0.233$，8 番目が $\frac{8}{30} \fallingdotseq 0.267$ ですから，7 番目と 8 番目の平均の $\frac{2623+2637}{2}=2630$ としましょう．第 3 四分位点は，対称に考えて，大から数えて 7 番目と 8 番目の平均とします．ですから，3424.5 となります．第 1 四分位を下限とし，第 3 四分位を上限とする区間には全体の半分が入りますが，この区間の幅である四分位範囲は 794.5 g になります．

■ 累積相対度数分布

例 2.2　乳幼児身体発育調査　厚生労働省の調査（2000 年）から得られる女児の体重の変化を図示してみましょう．図 2.3 は，生後 6 カ月目の乳児の体重の累積した区間の比率です．累積相対度数分布とよばれます．

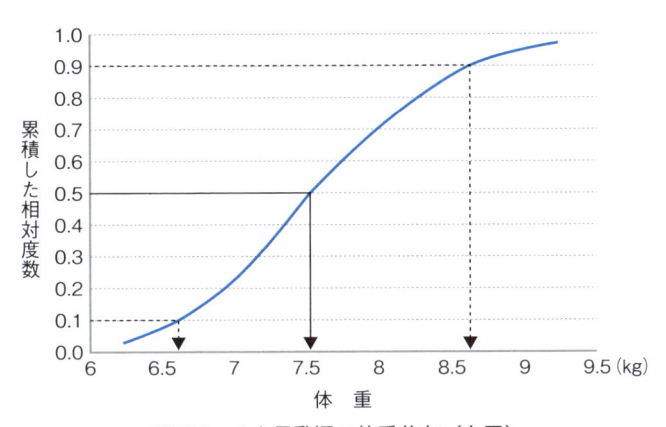

図 2.3　6 カ月乳児の体重分布（女子）

この例ではデータが非常に大きいため，区間数も非常に多くとっています．そのため，累積相対度数の頂点を結んだ折れ線グラフが，ほとんど曲線のように見えています．しかし，作図の仕方は第 1 章の図 1.4 とまったく同じです．横軸の値は区間の上限で，値を選べば，その体重以下の乳児の総割合が縦軸より求まります．たとえば横軸の 8 kg では曲線の縦軸の値は 0.7 くらいですから，8 kg 以下の乳児が全体の 7 割，100 倍して 70 % いることが分かります．

累積相対度数分布があれば，第1章で説明したように，縦軸の0.5から，50パーセント点を求めることができます．図では7.5 kgくらいになっています．つまり全体の半分の乳児は，7.5 kg以下の体重であることが分かります．同じく，10パーセント点では約6.7 kg，90パーセント点では約8.7 kgと図のようにして求めることができます．図には示していませんが，3，25，75，97パーセント点についても同様です．これらのパーセント点は，全100人でいうならば，体重が少ないほうから，3人目，25人目，75人目などを意味しています．全200人なら6人目，50人目，…，となります．

■ 身体発育曲線

　月々のデータからパーセント点を求めて結んだのが図2.4で，新生児から12カ月目までの体重の変化を示します．母子健康手帳（母子手帳）に記載されている身体発育曲線は月々の3パーセント点と97パーセント点を結んだ曲線で，全体の94％の乳児の体重がこの2曲線に挟まれます．母子手帳ではパーセント点ではなく，パーセンタイルとよばれます．図2.4および原表から，たとえば12カ月目では，全体の94％の子の体重は7.14 kg（3パーセント点）から10.5 kg（97パーセント点）に分布しており，中央値（50パーセント点）は8.67 kgである，などということが分かります．また，75パーセント点の9.28 kgから，25パーセント点の8.12 kgを引くと，四分位範囲は1.16 kgとなります．この四分

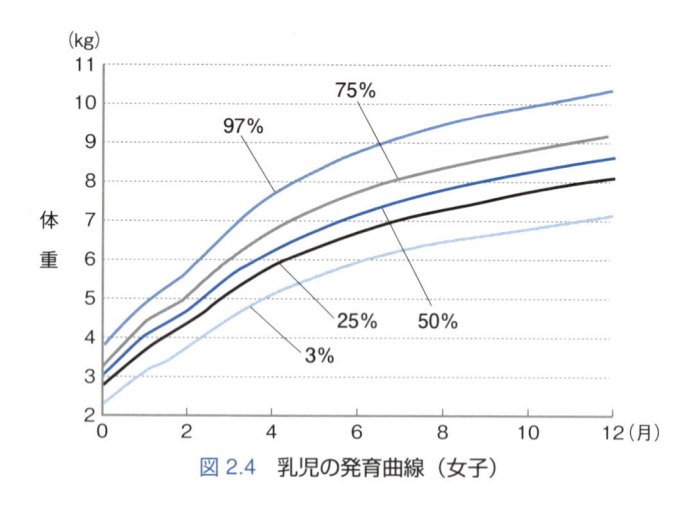

図2.4　乳児の発育曲線（女子）

位範囲に全体の半分の乳児が入ります．そして，四分位範囲は月が増すごとに開いていきますが，成長すれば体重も増え，体重が重くなれば散らばり具合も大きくなるのは当然でしょう．

75 パーセント点と 97 パーセント点の間が，3 パーセント点と 25 パーセント点の間より広くなっています．12 カ月目では前者が 1.22 kg，後者が 0.98 kg です．これは分布が右に歪んでいることを意味します（この分布の歪みの意味は次章で説明します）．5 カ月目くらいからこの傾向が見えるようです．体重の分布が右に歪んでいることは成人ではよく知られた現象ですが，これは乳児のときから始まっているのです．

このような図を眺めれば，ばらつきの尺度として，3 パーセント点と 97 パーセント点の差なども利用できることが分かります．また，四分位範囲と同様，十分位範囲もよく使われますが，その定義は

$$十分位範囲 = 90\,パーセント点 - 10\,パーセント点$$

です．（例 終わり）

四分位点や四分位範囲は，データのばらつきを示す尺度として意味がはっきりしていて使いやすいと考えられます．しかし，問題はその値を求める方法です．中央値と同じく，すべての値を並べてみないと，見つかりません．データが大きいときは，これは大変困難な作業となります．そこで，機械的に計算ができるばらつきの尺度が考えられるようになりました．それが以下で説明する分散と，その平方根である標準偏差です．

●2.2.2 散らばり具合の比較

図 2.5 は，1960 年（上）と 2008 年（下）における男性初婚年齢の度数分布図です．いずれも，区間は，15 歳以上 20 歳未満，20 歳以上 25 歳未満，···，50 歳以上の 8 区間となっています．区間の代表値として中点の値が示されていますが，最年長階級は上限がありません．とくに詳しいデータも手に入らないため，5 歳刻みという意味で 52.5 歳を座標値としました（前掲『日本子ども資料年鑑 2010』，「人口動態統計」）．

図では，各区間が占める比率が%で表示されています．平均初婚年齢は，1960年が27.25歳，2008年が30.98歳で，分布は右に少し動いています．しかし，この両分布を見比べると，平均が違うだけでなく，下図のほうが年齢の広がりが大きいことが分かります．確かに，20歳未満のグループ，35歳以上40歳未満のグループ，40歳以上45歳未満のグループなど，2つの図では大きな違いがみられます．

分布図がなければ，データから広がり具合を表現する代表値を計算し，代表値の違いにより散らばり具合を比較しなければなりません．散らばりを示す代表値としてよく使われるのが，分散とその平方根である標準偏差です．

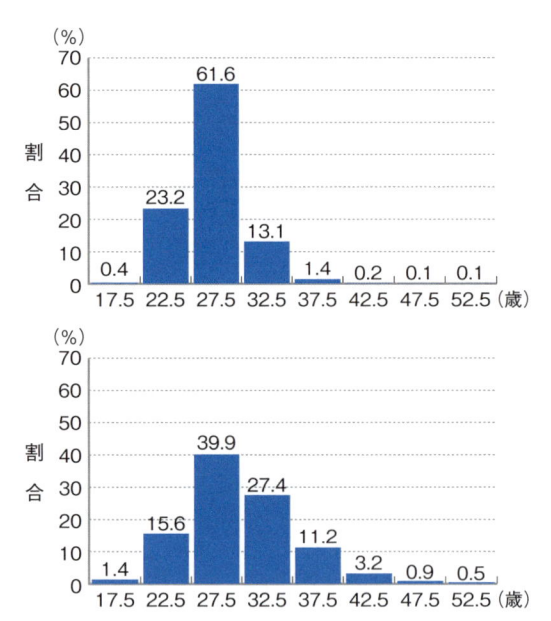

図2.5 男性初婚年齢の分布（上：1960年，下：2008年）

●2.2.3 分 散

分散の計算では，データの個々の値と平均の差を2乗します．この2乗値はさまざまな値になりますが，それらを値の数だけ漏らさず計算し，その総和を

データの大きさで割ると分散が出ます．平均からのハズレの2乗

$$(データの各値 - 平均)^2$$

をデータのすべてについて求めて，それらを平均したのが分散です．

データが3回の10点満点テストの結果だったとします．A君の点は，$\{1, 5, 6\}$でした．まず，点数の和を3で割って平均を求めると，

$$\frac{1}{3}(1+5+6) = 4$$

となります．$\{1, 5, 6\}$の各値と平均の差を求め，2乗をとり，それの平均を算出します．データの大きさは3ですから，分散（s^2）は

$$s^2 = \frac{1}{3}\{(1-4)^2 + (5-4)^2 + (6-4)^2\}$$
$$= \frac{1}{3}(9+1+4) = \frac{14}{3} \fallingdotseq 4.67$$

となります．データの各値と平均の差の2乗，9，1，4の平均です．

違うデータについて分散を計算しましょう．B君の点は，$\{3, 4, 5\}$であったとします．平均は4で，変化はありません．分散を計算すると

$$s^2 = \frac{1}{3}(1+0+1) = \frac{2}{3} \fallingdotseq 0.67$$

となり，先ほどの4.67より小さな値になります．したがって，B君のほうが分散が小さいことが分かります．ばらつきが小さいといっても同じです．B君のほうが，平均4点に近い値をA君よりも頻繁にとるということです．A君はB君と平均点は同じですが，B君よりも平均4から外れた値をとりやすいといえます．

C君の点は，$\{4, 8, 9\}$でした．だから，平均は7で高得点ですが，分散は4.67で，A君と同じです．D君の点は，$\{7, 8, 9\}$でした．だから，平均は8で高得点ですが，分散は0.67で，B君と同じです．点数の散らばり具合については，A君とC君が共通，またB君とD君が共通ということが分かります．担任の先生は，A君とC君に，気を抜かないよう，手抜きをしないように勉強しなさいと同じ助言をすることでしょう．B君には，全体に頑張りなさいと言い，D君にはいまの勉強を維持しなさいと言うことでしょう．

●2.2.4 標準偏差（SD）

分散により，データのばらつきを比較することができます．しかし，分散の数値の意味がよく分かりません．A君の分散は，$s^2 ≒ 4.67$ です．B君の分散は，$s^2 ≒ 0.67$ です．4.67 より 0.67 が小だから，後のデータのほうが散らばりが小さいことが分かります．しかし，4.67 という数値の意味は何なのでしょうか．

分散の意味は理解しにくいのですが，よく使われるのは，この値の平方根 $\sqrt{4.67}$ です．分散 s^2 の平方根 s は標準偏差（standard deviation）とよばれます．頭文字から SD と表記されたり，カタカナで，シグマといわれることもあります．シグマという呼び方は SD とは関係がないようですが，歴史的な名称です．

分散は，「データの各値 − 平均」の 2 乗をすべての値について計算し，それらを平均して求まります．標準偏差はその平方根ですから，一種の「データの各値 − 平均」の平均であると理解できます．

試験の例では，もとのデータに「点数」という測定単位がついています．分散の計算ではこの測定単位が 2 乗されます．したがって，分散の単位は「点数の 2 乗」になります．しかし，標準偏差は分散の平方根だから，測定単位は「点数」に戻ります．したがって，もとのデータと同じ単位になっています．そこに使いやすさがあります．

A君の点の標準偏差は $\sqrt{4.67} ≒ 2.16$ 点，B君の点の標準偏差は $\sqrt{0.67} ≒ 0.82$ 点．そして，2.16 点のほうが 0.82 点より大きいから，A君の点数のほうがばらつきが大きいことが分かります．どのくらい大きいのかと聞かれれば，2 倍以上と答えることもできます．

2.3 SDによるデータの調整

ばらつきの尺度である標準偏差（SD）を使えば，データに関するさまざまな性質が分かります．また，標準偏差を用いて，データの性質を見やすくするために，データそのものを変換してしまうこともあります．

●2.3.1　2シグマ区間

標準偏差がばらつきの尺度として大いに役立つのが，2シグマ（SD）区間です．2シグマ区間とは

$$(平均 - 2 \times \mathrm{SD} \sim 平均 + 2 \times \mathrm{SD})$$

と定義されます．平均からシグマの2倍を引いたのが下限，平均にシグマの2倍を足したのが上限です．どのようなデータであっても，全体の75％以上がこの区間に含まれます（2.5節の「補論」を参照）．データから度数分布を作って，度数分布が山型になるようなデータであれば，全体の9割以上がこの区間に含まれます．直感的には，データのほとんどが含まれる区間として理解すればよいでしょう．

同様にして，3シグマ区間も

$$(平均 - 3 \times \mathrm{SD} \sim 平均 + 3 \times \mathrm{SD})$$

と定義されます．度数分布が山形になるような普通のデータでは，データのほとんどすべての値がこの区間に含まれます．直感的には，異常に小さな値や大きな値を除いてデータのすべてが入る区間と理解できます．

試験の例では，A君の2シグマ区間は

$$(4 - 2 \times 2.16 \sim 4 + 2 \times 2.16) \fallingdotseq (-0.32 \sim 8.32)$$

となります．3個の点数はこの区間にすべて入っていることが分かります．B君の2シグマ区間は

$$(4 - 2 \times 0.82 \sim 4 + 2 \times 0.82) \fallingdotseq (2.36 \sim 5.64)$$

ですから，やはりすべての点がこの区間に含まれます．2シグマ区間には，もとのデータのほとんどが含まれることがこの2つの例から分かります．

また，2シグマ区間をみれば，区間幅を比較することにより，データのばらつきをすぐ理解することができます．2シグマ区間の幅は，A君は，

$8.32-(-0.32)=8.64$ 点，B 君は，$5.64-2.36=3.28$ 点です．したがって，B 君に比べて A 君のほうが 2 倍以上ばらつきがあるといえます．

2 シグマ区間の幅により，データの散らばり具合を数値として確認できます．そして，2 シグマ区間の幅は，標準偏差の 4 倍にすぎず，区間幅の比は標準偏差の比と同じです．結局，標準偏差がばらつきの尺度になっています．

例 2.3　50 m 走

図 2.6 は，年齢別男子 50 m 走の記録です（「体力・運動能力調査」（文部科学省，2009 年））．縦軸の単位は秒，横軸は年齢です．平均が中央の実線，平均 +2SD が上，平均 −2SD が下の破線です．年齢ごとに平均記録と SD を計算し，折れ線グラフを作りました．記録のほとんどは，平均を中心とした上下の線の間に入りますが，平均 −2SD 以下のタイムなら非常に速い，平均 +2SD を超えるタイムならとくに遅いということになります．このデータでは，2 シグマ区間はあまり変化しません．むしろ，17 歳くらいから狭くなっているようです．そして，17 歳くらいから平均タイムが下がる傾向が見えます．つまり，高 3 から平均記録は遅くなります．（例 終わり）

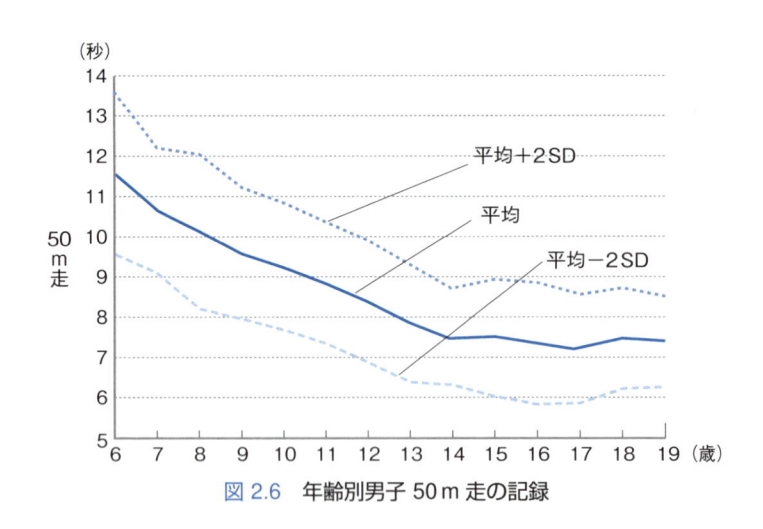

図 2.6　年齢別男子 50 m 走の記録

●2.3.2 データの基準化

平均と標準偏差を計算すれば，データを基準化することができます．基準化は，標準化とよばれることもあります．基準化とは，データを次のように変換することです．

$$\frac{\text{データの各値} - \text{平均}}{\text{SD}}$$

データの各々の値から平均を引き，標準偏差で割る操作のことです．基準化すると，基準化された値の平均は 0，標準偏差は 1 になります．

先の例で使った試験の点数 $\{1, 5, 6\}$ を，模擬試験を受けた 3 人の生徒の点数としましょう．模擬試験はたった 3 人，甲，乙，丙君しか受けておらず，科目は 1 科目だけ，また，満点は 10 点と簡単にしておきます．第 1 回模試の点数 $\{1, 5, 6\}$ を基準化します．各点数から平均を引き，標準偏差で割ると，3 個の点 $\{1, 5, 6\}$ は

$$\frac{1-4}{2.16} \fallingdotseq -1.389, \quad \frac{5-4}{2.16} \fallingdotseq 0.463, \quad \frac{6-4}{2.16} \fallingdotseq 0.926$$

となります．

なぜ，このような基準化に意味があるのでしょうか．その意味を見つけるために，基準化された値の平均と標準偏差を計算してみましょう．まず平均ですが，和を求めると

$$\frac{1-4}{2.16} + \frac{5-4}{2.16} + \frac{6-4}{2.16} = \frac{0}{2.16} = 0$$

となり，0 です．ですから，0 をデータの大きさ 3 で割った平均も 0 であることが分かります．また，分散を求める前に 2 乗和を計算すると，

$$\left(\frac{1-4}{2.16}\right)^2 + \left(\frac{5-4}{2.16}\right)^2 + \left(\frac{6-4}{2.16}\right)^2 = \frac{9}{4.67} + \frac{1}{4.67} + \frac{4}{4.67} \fallingdotseq 3$$

となります．したがって，データの大きさで割ると，分散は 1，標準偏差も 1 です．基準化されたデータは，平均が 0，標準偏差は 1 となります．どのようなデータを持ってきても，基準化すれば平均は 0，標準偏差は 1 です．したがっ

て，基準化の処理を施せば，データの平均と分散に関する性質が共通化されます．

第 2 回目の模擬試験の点を $\{3, 4, 5\}$ として，基準化します．平均が 4，標準偏差が 1 ですから，3 個の点 $\{3, 4, 5\}$ は，

$$\frac{3-4}{0.82} \fallingdotseq -1.22, \quad \frac{4-4}{0.82} = 0, \quad \frac{5-4}{0.82} \fallingdotseq 1.22$$

となります．平均 0 の周りに，行儀よく並んでいることが分かります．基準化された値の平均は 0，また，標準偏差は 1 と計算できます．

重要なことは，このように変換すると，第 1 回模試と第 2 回模試の平均と散らばり具合が，まったく同じになるということです．第 1 回模試 $\{1, 5, 6\}$ は点がばらついている，逆に第 2 回 $\{3, 4, 5\}$ は点が並びすぎている．そこで，両模試の点数を基準化することで，比較が可能になるのです．基準化した値は第 1 回が $\{-1.389, 0.463, 0.926\}$，第 2 回が $\{-1.22, 0, 1.22\}$ でした．甲君は第 2 回で点数が上がったようですが，基準化すると -1.22 で，前回の -1.389 とあまり変わりません．乙君は，0.463 が 0 に下がっています．丙君は点数は下がったようですが，基準化した値は 0.926 が 1.22 に上がっています．しかし，小さな変化にみえます．

■ 基準化データの 2 シグマ区間

このようにデータを基準化すると，2 シグマ（SD）区間はどう表現されるでしょうか．データのある値が 2 シグマ区間に入るということは，不等式

$$\text{平均} - 2\text{SD} < \text{データのある値} < \text{平均} + 2\text{SD}$$

が満たされるということです．各項から平均をまず引くと，この不等式は

$$-2\text{SD} < \text{データのある値} - \text{平均} < +2\text{SD}$$

と変換されます．つまり，データのある値から平均を引けば，下限が -2SD，上限が 2SD の区間に入るということです．さらに，各項を SD で割ると，

$$-2 < \frac{\text{データのある値} - \text{平均}}{\text{SD}} < 2$$

つまり,

$$-2 < 基準化されたデータのある値 < 2$$

と簡単化されます. 結局, 基準化されたデータについては, 2シグマ区間の下限と上限は, $-2, 2$ となるのです. 3シグマ区間でも同様で, 下限と上限は $-3, 3$ になります. データを基準化してしまえば, 2シグマ区間や3シグマ区間の下限と上限をわざわざ計算して求める必要がありません.

●2.3.3 偏差値

平均と標準偏差を用いた変換では, 試験点数の偏差値がよく知られています. 偏差値は, 次のように定義されます.

$$偏差値 = 50 点 + 10 \times 基準化点数 = 50 点 + 10 \times \frac{個々の点 - 平均}{\text{SD}}$$

です. 偏差値の平均は50点, 標準偏差は10点になります. 以下でこの性質の説明をします.

偏差値の平均を計算します. 偏差値の定義より, たとえば3人の生徒についての偏差値が,

$$偏差値_1 = 50 点 + 10 \times \frac{1人目の点 - 3人の平均}{3人のSD}$$

$$偏差値_2 = 50 点 + 10 \times \frac{2人目の点 - 3人の平均}{3人のSD}$$

$$偏差値_3 = 50 点 + 10 \times \frac{3人目の点 - 3人の平均}{3人のSD}$$

と計算されているとします. 左辺をすべて足して3で割ると, 偏差値の平均点が求まります. ここで, 左辺を足す代わりに右辺を足して計算しましょう. 右辺の第1項は50点ですから, 50点を3回足して3で割ると, 50点になります. 右辺第2項の合計は,

$$\frac{10}{3人のSD}\{(点_1 - 平均) + (点_2 - 平均) + (点_3 - 平均)\}$$

となります. ここで, $点_1$ などは各人の点を意味します. この波カッコの中は「3人の平均」の性質により0になります. したがって, 偏差値の平均は50点

と求まります．

次に分散です．平均 50 点を各偏差値から引くと，右辺の第 2 項だけが残ります．そこで右辺第 2 項の 2 乗をとり，足し合わせます．やはり，「10×」と分母「3 人の SD」は共通ですから，分散は

$$\frac{10^2}{(3\,\text{人の SD})^2}\{(点_1 - 平均)^2 + (点_2 - 平均)^2 + (点_3 - 平均)^2\} \div 3$$

となります．しかし，波カッコの内部を 3 で割ると「3 人の分散」になり，分母「3 人の SD」の 2 乗に一致します．残るのは 100 だけで，平方根を求めれば 10 になります．

■ 偏差値の 2 シグマ区間

偏差値の平均は 50 点，標準偏差は 10 点です．だから，2 シグマ区間は

$$(50\,点 - 2 \times 10\,点 \sim 50\,点 + 2 \times 10\,点) = (30\,点 \sim 70\,点)$$

です．

先の第 1 回模試の点 $\{1, 5, 6\}$ を偏差値に変えましょう．3 人の基準化点数が $\{-1.389, 0.463, 0.926\}$ だから，

$$\begin{aligned}
甲君 \quad & 50\,点 + 10 \times (-1.389\,点) = 36.11\,点 \\
乙君 \quad & 50\,点 + 10 \times 0.463\,点 = 54.63\,点 \\
丙君 \quad & 50\,点 + 10 \times 0.926\,点 = 59.26\,点
\end{aligned}$$

と計算できます．基準化点数より偏差値のほうが，数値の意味を身近に感じることができるのではないでしょうか．甲君は 40 点以下，乙君は平均より少し上，丙君はさらにその 4 点上となります．偏差値の平均からの差は，甲君が -13.9 点，丙君は $+9.3$ 点でした．

偏差値は平均が 50 点，シグマが 10 点，2 シグマ区間が

$$(50\,点 - 2 \times 10\,点 \sim 50\,点 + 2 \times 10\,点) = (30\,点 \sim 70\,点)$$

です．3 シグマ区間は

$$(50\,点 - 3 \times 10\,点 \sim 50\,点 + 3 \times 10\,点) = (20\,点 \sim 80\,点)$$

となります．実際の試験では，偏差値で 80 点を超える人は見つからないのが普通です．偏差値 20 点以下は，少数の人が白紙の答案を出したときなどにはありえます．

2.4 平均に依存するSD

標準偏差はデータのばらつきを示す尺度ですが，多くのケースにおいてこの値はデータの平均に依存します．あるいはデータの一般的な値に依存するといってもよいでしょう．たとえば，力士の体重は 10 kg くらい増減しても驚くことはありません．八百長問題で混乱した平成 23 年大相撲春場所では，当時 38 歳の大関魁皇は 9 kg，32 歳の安美錦は 10 kg，初場所より体重が減ったという記事が見られました．普通の人にとって 2 カ月ほどで 10 kg の体重の変化は，生死にかかわる問題になります．しかし，もとの体重との比で見てみると，魁皇は 170 kg を超えますから $\frac{9}{170}$，安美錦は 150 kg を超えますから $\frac{10}{150}$ となり，せいぜい 7 % くらいの変化です．つまり，50 kg の人にとっては 3.5 kg の減少と同じことで，これは可能な数値でしょう．所得の変化などでも，この考え方は役に立ちます．月々 10 万円もらう人にとっての 2 万円の給料増加と，20 万円もらう人にとっての 2 万円の増加は，同じ 2 万円であっても重みが違うのです．

● 2.4.1 変動係数

このように，データがとる中心の値を考慮しながら変動の幅を比較しようとする尺度が，変動係数（Coefficient of Variation, CV）です．

$$変動係数 = \frac{\text{SD}}{\text{平均}}$$

と定義されます．データの変動がデータの中心の値に左右されると考えられる場合では，変動を標準偏差で検討するのではなく，変動係数を調べます．体重と所得に関する例を見てみましょう．

例2.4 学校保健統計調査　文部科学省の調査（2010年）から，生徒の体重について，変動係数を計算してみました．成長が進み体重が重くなると標準偏差も増加しますが，体の成長を考慮した場合，はたして変動幅は大きくなっているのでしょうか．表2.3から分かるように，標準偏差は15歳くらいまで増加しますが，変動係数は11歳以上ではむしろ減少していきます．つまり，平均体重を基準とすれば，変動幅は小さくなっています．　（例 終わり）

表2.3　体重の変動係数

		5歳	7歳	9歳	11歳	13歳	15歳	17歳
男子	平均 (kg)	19.0	24.0	30.5	38.4	49.2	59.5	63.1
	SD (kg)	2.70	4.06	6.24	8.58	10.01	10.82	10.59
	変動係数	0.14	0.17	0.20	0.22	0.20	0.18	0.17
女子	平均 (kg)	18.6	23.5	30.0	39.0	47.3	51.6	52.9
	SD (kg)	2.58	3.88	5.79	7.91	7.77	8.01	7.93
	変動係数	0.14	0.17	0.19	0.20	0.16	0.16	0.15

●2.4.2　四分位分散係数

先の乳児の体重増加を示した図2.4を見直してみましょう．この図では，たとえば四分位区間（75パーセント点 − 25パーセント点）は，月が増すごとに開いています．しかし，中央値も増加しています．中央値は中位数ともいう50パーセント点のことでした．ですから，体の成長を基準とすれば，体重の開きは必ずしも大きくなっていません．このような考察に従って求められるのが，四分位分散係数です．定義は，四分位点を用いて

$$四分位分散係数 = \frac{75 パーセント点 - 25 パーセント点}{2 \times 中央値}$$

となります．このような考えに基づけば，十分位分散係数も同様に定義できます．

$$十分位分散係数 = \frac{90 パーセント点 - 10 パーセント点}{2 \times 中央値}$$

十分位点とは，データ全体を十分割する点であり，10, 20, 30, …, 90 パーセント点です．実際に，図 2.4 の元表をもとに，四分位分散係数と十分位分散係数を計算してみると，表 2.4 が得られました．四分位分散係数も十分位分散係数も，月が進むごとに値が小さくなることが分かります．すなわち，体の成長が進むにつれ，体重の開きは相対的に小さくなっていることが確認できます．

表 2.4 乳児の体重変化（女）

月	3%点	10%点	25%点	50%点	75%点	90%点	97%点	四分位	十分位
0	2.25	2.50	2.72	2.95	3.21	3.46	3.73	0.08	0.16
4	5.05	5.45	5.82	6.24	6.75	7.17	7.68	0.07	0.14
8	6.44	6.85	7.31	7.82	8.40	8.98	9.53	0.07	0.14
12	7.14	7.59	8.12	8.67	9.28	9.85	10.45	0.07	0.13

四分位と十分位は分散係数，%点はパーセント点（パーセンタイル）．

● 練習問題 ●

2.1 次のデータの中央値を見つけなさい．

$$3307, 2591, 3353, 3152, 2637,$$
$$2865, 2025, 3343, 2568, 3414,$$
$$2737, 2575, 3377, 2623, 2979$$

2.2 前章表 1.1 をもとにして，最頻値と中央値を求めなさい（17.5 が 3 回，18.5 が 2 回現れる，云々と考え，真ん中の値を探します）．

2.3 本章の冒頭の新生男児の体重データにおいて，小さいほうから数えて，第 1 四分位点，第 3 四分位点を求めなさい．

2.4 $\{0, 4, 8\}$ と $\{3, 4, 5\}$ の分散と標準偏差を求め，比較しなさい．

2.5 2.3 節の第 2 回模試 $\{3, 4, 5\}$ を基準化し，偏差値を求めなさい．第 3 回模試 $\{4, 8, 9\}$ および第 4 回模試 $\{7, 8, 9\}$ についても基準化し，偏差値を求めなさい．

第 2 章　代 表 値　49

2.5　補論——チェビシェフの不等式と Excel「基本統計量」

■ 自由度

　データから分散を求める場合は，平均からのハズレの2乗和を「データの大きさマイナス1」で割ることがあります．この値も分散とよばれます．たとえば，先の A 君の点 $\{1, 5, 6\}$ では，「データの大きさマイナス1」で割ると，

$$s^2 = \frac{1}{2}(9 + 1 + 4) = 7$$

となります．なぜ3でなく2で割るのでしょうか．それは，分散の計算では，それぞれの値の2乗をとる前の平均からのハズレ値の和が0になるからです．つまり，

$$(-3) + 1 + 2 = 0$$

となっています．これは，必ず成立する関係で，3個の値に関する制約と理解されます．統計学では，データの大きさから制約の数を引いた値，つまりあるデータにおいて自由に変わることのできる要素の数を自由度とよびます．そして，自由度で2乗和を割って分散を求めます．後述の「Excel 基本統計量」では，この計算法により分散が計算されます．

■ チェビシェフの不等式

　証明はしませんが，チェビシェフの不等式という定理によって，どのようなデータを持ってきても，データの最小限75％が2シグマ（SD）区間に入ることが知られています．2シグマ区間に入らない比率は，$100 - 75 = 25$ ですから，最大25％となります．ここでは，

$$0.25 = \left(\frac{1}{2}\right)^2$$

という関係から，25％が導かれています．右辺の分母の2が，2シグマの2に対応しています．2シグマ区間に入る比率は，最小限

$$1 - \left(\frac{1}{2}\right)^2$$

であり，100 倍すれば最小限 75 ％になります．

それでは，3 シグマ区間はどうなるでしょうか．3 シグマ区間は（平均 − 3 シグマ 〜 平均 + 3 シグマ）です．この区間から外れる比率は，最大

$$\left(\frac{1}{3}\right)^2 = \frac{1}{9} \fallingdotseq 0.11$$

となります．つまり，最大 11 ％です．ですから，3 シグマ区間に入る比率は，最小限

$$1 - \left(\frac{1}{3}\right)^2 = \frac{8}{9} \fallingdotseq 0.89$$

つまり，89 ％となります．同様に，4 シグマ区間，5 シグマ区間を考えることもできます．

■ Excel 基本統計量

本章の冒頭にある新生男児体重データの分散と標準偏差を，Excel の分析ツールを使って計算しましょう．分析ツールを使うための準備は，前章の補論を参照してください．データは縦 1 列（B4 セルから B33 セル）に入っているとします．B3 には名前が入っています．シート最上部のメニューリボンより，［データ］→［データ分析］→［基本統計量］を選びます（図 2.7）．統計量とは，データから計算されたさまざまな集計値をいいます．基本統計量を選ぶと出てくるウィンドウ（窓）で指定すべき内容は，前章で説明したヒストグラムとほとんど同じです．ヒストグラムの窓の説明を見てください．

1　入力範囲は，ヒストグラムと同じです．ただし，データの一番上 B3 セルに名前（ラベル）を入れてあります．そこで，［先頭行をラベルとして使用］にチェックを入れます．このデータは 1 列になっているので，データ方向は「列」が自動的に選ばれます．

2　出力オプションにより，計算結果の表示法の選択をします．ここでは，同じ表中に結果を出す［出力先］を選び，表中の D3 セルをクリックして，書き出しが行われる左上コーナーを指定します．データの入力範囲と重ならなければ，セルの選択は自由です．

3　計算内容として，統計情報にチェックを入れる．

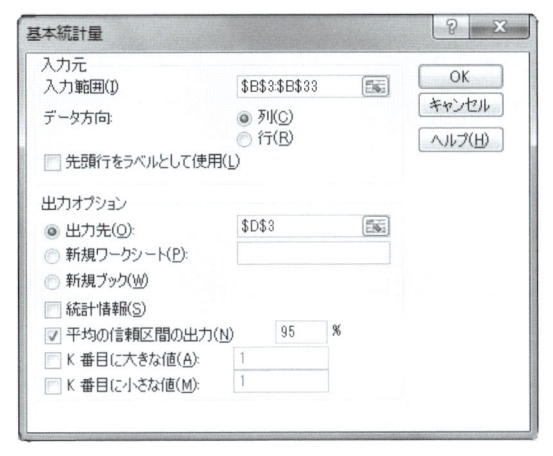

図 2.7　分析ツール「基本統計量」

　以上の指定をし，[OK] をクリックすれば，表 2.5 のように，体重データについてのさまざまな計算結果が求まります．平均，中央値（メジアン），標準偏差（SD），分散，最小，最大，合計などの意味は説明の必要がないでしょう．ただし，先述した「自由度」ですが，分散の計算では，「データの大きさ マイナス 1」で 2 乗和を割ります．標準偏差はこの分散の平方根です（本書では，分散の計算が Excel のように「データの大きさ マイナス 1」で 2 乗和を割るか，あるいは「データの大きさ」で割るかという点については，注意を払っておらず，同じとして扱っています）．範囲は，最大 − 最小です．最頻値（モード）は，#N/A とありますが，データに重複がないので最頻値は見つからない，という意味です．標準誤差（SE）は，標準偏差をデータの大きさの平方根で割った値です．第 5 章の 5.4 節で平均の性質を検討する際に使われ，また，第 6 章で詳しく説明されます．Excel の「標本数」は誤った表現で，本書でいうデータの大きさを意味します．

　2 シグマ区間は（2020.1〜4269.9）となります．この区間に入らないのは最高体重の 4490 だけで，割合は $\frac{1}{30}$ です．これはチェビシェフの不等式から得る比率，$\frac{1}{4}$ よりはるかに小さな値になっています．

　尖度（せんど）は分布の尖り具合を示す尺度で，次章に詳しい説明がありま

す（Excel は 3 を引いた値です）．プラスの値は，度数分布の図が中央で尖っていることを意味します．標準より中央で扁平なら，マイナスの値をとります．しかし，分布が対称でない場合は理解が難しいようです．歪度（わいど）は分布型が左右対称であるかないかを調べる尺度で，これも次章に詳しい説明があります．

表 2.5 の右端の列では，Excel の関数を使った計算式を，個々の統計量について明示しました．データの範囲は共通で，\$B\$4:\$B\$33 です．

表 2.5 新生男児体重の基本統計量

統計量名称	結　果	エクセル関数 fx
平　均	3145	=average（範囲）
標準誤差（SE）	102.7	
中央値（メジアン）	3296.5	=median（範囲）
最頻値（モード）	#N/A	=mode（範囲）
標準偏差（SD）	562.4	=stdev（範囲）
分　散	316325.2	=var（範囲）
尖　度	0.10	=kurt（範囲）
歪　度	0.04	=skew（範囲）
範　囲	2466	最大−最小
最　小	2024	=min（範囲）
最　大	4490	=max（範囲）
合　計	94350	=sum（範囲）
標本数（データの大きさ）	30	=count（範囲）

第3章
分布の形

　第1章で，初任給と所得のデータをもとに相対度数分布の作り方を説明しました．これらのデータの一つの特徴は，初任給や所得はどんな値でもとるということです．初任給データでは，数値を見やすくするため単位を万円とし，小数点第1位の1000円までしか記載しませんでした．所得データも5人の所得を万円単位で記載しました．しかし，初任給や所得は1円まで決まっているし，また，どんな大きな値をとることも可能です．したがって，データがとる値を有限個に制約することができません．このような場合，データは連続な値をとると表現します．連続な値をとるデータなので，簡単に連続データということもあります．このようなデータでは，とり得る値の数を数えることが不可能です．

　他方，有限個の値しかとらないデータもあります．たとえば，硬貨を投げるゲームで，出た面を記録したデータです．このようなデータはとびとびの値しかとらないので，離散データといいます．離散データのほうが連続データより集計結果が簡単です．最初に，離散データとはどのようなものか，説明しましょう．

3.1　離散データの分布

●3.1.1　硬貨投げゲーム

　硬貨投げゲームで表が出れば1，裏が出れば0とし，硬貨を20回投げてみると，データは

$$\{1,0,1,1,1,1,0,1,0,0,1,0,0,0,1,1,1,0,1,1\}$$

となりました．この例では，出る値は 2 つしかありません．表，裏，といっても同じです．データの大きさは 20 です．これをまとめると，1 が 12 回，0 が 8 回となります．わざわざ表を作る必要はないでしょう．

この章では硬貨を投げた結果をデータとよんでいますが，第 5 章では硬貨を投げて求まるバラバラな結果を，ランダムな標本とよびます．

このようなデータでも，平均と分散は第 2 章と同じように計算できます．計算すると，

$$平均 = \frac{12}{20} = 0.6$$

となりますが，これは 1 が出る比率にすぎません．分散を求めると，1 が 12 回，0 が 8 回出ますから

$$\frac{12}{20} \times (1-0.6)^2 + \frac{8}{20} \times (0-0.6)^2 = 0.24$$

となります．このデータでは，中央値や最頻値は代表値としては役に立ちません．

■ 硬貨を 5 個投げるゲーム

硬貨を投げるゲームでも，硬貨を 1 度に 5 個投げ，表の出た回数を記録するとどうなるでしょうか．このゲームを 20 回繰り返したところ

$$\{3,3,0,1,2,2,1,2,2,4,3,4,3,2,5,2,5,4,3,2\}$$

となりました．データの大きさは 20 です（これも第 5 章では「ランダムな標本」とよびます）．当然ですが，表が出た回数は 0 から 5 までの整数値になります．結果をまとめて表にすると，表 3.1 のようになります．表が 1 個も出なかったのは 1 回，表が 1 個出たのは 2 回，…，などとなっています．表の回数は 0 から 5 の値をとりますが，人々が関心を持つのは，各値が出る比率でしょう．3 行目に比率を分数で示しましたが，比率の合計は 1 になります．平均は，「表の回数 × 比率」の合計として求めることができます．計算すると，

$$\frac{1}{20} \times 0 + \frac{2}{20} \times 1 + \frac{7}{20} \times 2 + \frac{5}{20} \times 3 + \frac{3}{20} \times 4 + \frac{2}{20} \times 5 = \frac{53}{20}$$

となり，2.65 でした．表の回数は 0 から 5 までの整数値なので，2.5 が中心の値でしょう．しかし，実際に出た値の平均は 2.65 になりました．分散も同様にして計算することができますが，出る値が 0 から 5 に限られているので，分散には意味がありません．表 3.1 から棒グラフを作るのは容易なので，省略します．

表 3.1 硬貨を 5 個投げたときの表の出た回数

表の回数	0	1	2	3	4	5	合計
観測回数 (20 回中)	1	2	7	5	3	2	20
比 率	$\frac{1}{20}$	$\frac{2}{20}$	$\frac{7}{20}$	$\frac{5}{20}$	$\frac{3}{20}$	$\frac{2}{20}$	1

例 3.1 騎兵部隊データ　　有名な離散データがあります（表 3.2）．19 世紀末，プロシアの 200 個の騎兵部隊で起きた死亡事故の調査です（ボルトキーヴィッチという統計学者が調べました）．馬に蹴られて死んだ兵士の数を調査すると，総死亡者数は 122 人でした．この 122 人が所属した部隊を調べた結果，事故死がない部隊は 109，1 人死んだ部隊は 65，2 人死んだ部隊は 22 などとなりました．5 人以上死んだ部隊は観測されていません．

表 3.2 騎兵部隊で馬に蹴られて死んだ兵士の数

部隊内の死亡者数	0	1	2	3	4	5	⋯	122	合計
部隊数観測値	109	65	22	3	1	0	⋯	0	200
比 率	$\frac{109}{200}$	$\frac{65}{200}$	$\frac{22}{200}$	$\frac{3}{200}$	$\frac{1}{200}$	0	⋯	0	1

この事故調査は，表 3.1 と同じ性質を持つことが分かります．総死亡者数 122 人が硬貨の数 5 の役を果たします．各部隊での死亡者数が「表の回数」の代わりになります．ただ，硬貨が表になる可能性は $\frac{1}{2}$ ですが，ある死亡者が特定の部隊に所属する可能性は，200 部隊のうちの 1 つですから $\frac{1}{200}$ となります．部隊での死亡者数は最少は 0，最大は，理論的には 122 です．データを整理する前では，122 人が 1 つの部隊に所属することも可能だからです．平均も，表 3.1 とまったく同じように計算できます．

$$\frac{109}{200} \times 0 + \frac{65}{200} \times 1 + \frac{22}{200} \times 2 + \frac{3}{200} \times 3 + \frac{1}{200} \times 4 = \frac{122}{200}$$

この平均の意味ははっきりしていて，1部隊あたりの死亡者数になっています．
（例 終わり）

■ サイコロゲーム

サイコロを転がすゲームなら，出る面は6種類しかありません．各面を目の数で示すと，1から6以外の値をサイコロがとることはありません．また，1から6の目は同じ比率で出ると考えられます．実際に30回転がしてみると，次のようになりました．

$$\{1,4,3,2,3,2,6,3,6,4,1,6,5,4,3,2,1,5,3,3,1,2,6,2,5,3,3,4,3,3\}$$

データの大きさは30です（これも第5章では「ランダムな標本」となります）．この結果を棒グラフにしたのが，図3.1です．棒グラフに各目が出た回数を示してあるので，表は省略します．

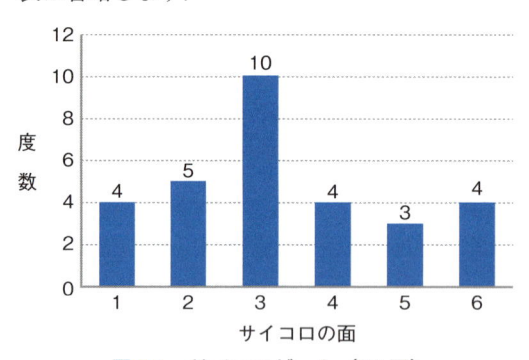

図3.1 サイコロゲーム（30回）

各目は均等に5回ずつ出るはずですが，棒グラフからよく分かるように，転がす回数が少ないので，目が均等に出ているとはいえません．とくに3が多く出ています．しかし，実際のゲームでこのような不公平な結果が起きることは，誰でも知っています．このゲームでも，各目が出る比率が重要でしょう．平均

は，表 3.1 と同様に計算して，

$$\frac{4}{30} \times 1 + \frac{5}{30} \times 2 + \frac{10}{30} \times 3 + \frac{4}{30} \times 4 + \frac{3}{30} \times 5 + \frac{4}{30} \times 6 = \frac{99}{30} = 3.3$$

となります．分散も同様にして計算できます．

目が均等に出れば，比率がすべて $\frac{1}{6}$ ですから，平均は

$$\frac{1}{6} \times 1 + \frac{1}{6} \times 2 + \frac{1}{6} \times 3 + \frac{1}{6} \times 4 + \frac{1}{6} \times 5 + \frac{1}{6} \times 6 = \frac{21}{6} = 3.5$$

となります．実際にサイコロを転がすと，なかなかこのようにはなりません．目が均等に出る場合について分散を計算すると，

$$\frac{1}{6} \times (1 - \frac{7}{2})^2 + \frac{1}{6} \times (2 - \frac{7}{2})^2 + \cdots + \frac{1}{6} \times (6 - \frac{7}{2})^2 = \frac{35}{12}$$

となります．平方根を計算して標準偏差を求めると，近似的に 1.71 になります．2 シグマ区間を求めると，1 から 6 の値はすべて入ります．

●3.1.2 円グラフ

離散値をとるデータでも，硬貨を 5 回投げたときのように，表の回数が 2 回，3 回というように結果に大小関係があるときには，棒グラフが役に立ちます．横軸の上で 0, 1, 2, 3, 4, 5 と座標をとることに，自然の意味があるからです．しかし，離散値をとるデータのうち，質的に異なる結果を集計したデータでは，結果に大小関係がありません．各要素が占める割合を表現するために，棒グラフよりも円グラフのほうが役に立ちます．

徒歩，バス，電車，自転車といった通学手段に関する調査をするとしましょう．調査の結果，各通学手段の利用者数が分かります．この調査結果を棒グラフにすることは簡単ですが，はたしてそれに意味があるでしょうか．徒歩の棒の右にバスの棒がきます．バスの棒の右に電車，その右に自転車がきます．しかし，横軸座標で，徒歩の右にバスがくる必然性がありません．なぜなら，徒歩，バス，電車といった通学手段は，質的に異なっていて，大小の違いがないからです．また，質的に異なる要素についてのデータから平均などを計算しても，徒歩とバスの平均に意味がないように，無意味です．

通学手段でなくとも，ドリンクの選択，ハンバーガー店の選択，ビールの好みなど同様の性質を持つデータは多くあります．簡単に質的データともいいますが，このような質的に異なる結果を集計したデータの整理には，円グラフ（パイチャート，pie chart）が役に立ちます．度数分布表により試験の成績をまとめ，結果をS，A，B，C，Fで評価したときも，円グラフは成績の割合を示すのに有用です．以下に電力の発電方式について，円グラフの例を見てみましょう．

例3.2 発電方式の集計 発電方式別に，LNG（液化天然ガス），原子力，石炭，石油，水力，新エネルギー（太陽光発電，風力発電，廃棄物発電など）に分けて，各方式から作り出される発電電力量を表3.3のようにまとめました（電気事業連合会「電気事業の現状2011」（2010年）より）．このデータを円グラフによって表現します．

表3.3 方式別の発電電力量（2009年度）

発電方式	LNG	原子力	石炭	石油他	水力	新エネルギー
発電量（億kWh）	2807	2798	2379	683	793	105
割合（%）	29	29	25	7	8	1
（参考）各方式の供給能力（設備容量）						
供給能力（万kW）	6157	4885	3795	4620	4638	53
割合（%）	26	20	16	19	19	0

＊W（ワット）は，電気が仕事をする力（電力）の大きさを表す単位で，発電所がどのくらいの電気を作れるかはこのWで示されます．一方，Wh（ワット・アワー）は，その電力がある時間働いて生み出す仕事の量を表す単位です．1Wが1時間働いたものが1Whで示されます．表中のkW・kWhはその1000倍となります．

1行目は発電電力量の大きさ順に方式の名称，2行目は方式別の発電電力量，3行目は各方式の割合です．このようなデータを棒グラフにすると，横軸にLNG，原子力，石炭，…といった異なる発電方式名が並びます．そして，横軸に並んだLNG，原子力，石炭などは，質的に違う発電方式であり，たとえば，LNGの右に原子力が位置する必然性がありません．

円グラフでは，各要素の占める割合が，円に占める扇の面積として示されます．図3.2では，扇の大きさにより，LNG，原子力，石炭はほぼ同様の割合を占めることが一見して分かります．他の石油，水力，新エネルギーは，合計す

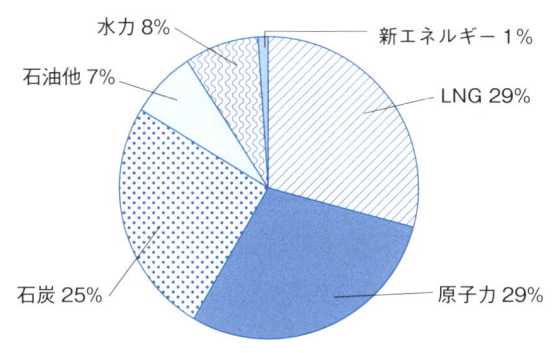

図 3.2 方式別の発電電力量（円グラフ）

ると，先の 3 つの発電方式と同じくらいの割合になります．

　2011 年 3 月 11 日に起こった東日本大震災の後，電力供給に占める新エネルギーの重要性が議論されていますが，参考として，表 3.3 の 4 行目以下に，2009 年度の各方式の電力供給能力を示しました．新エネルギーへのシフトはまだ時間がかかりそうです．

　福島第一原子力発電所をはじめ被災地の発電所などからの供給が途絶え，2011 年 4 月の東京電力による電力供給量は 4000 万 kW に低下して，2011 年夏の電力需給が懸念されましたが，国民・産業界の節電に対する取組みによって前年度比マイナス 15 ％という需要抑制目標に対し，マイナス 21.9 ％という抑制実績を達成し（東京・東北電力管内），計画停電を回避することができました．ただ，これは夏の気温が前年に比べて低めであったこともあります．今後も低下した発電量をどのように補うのかを考えていかなくてはいけません．（例 終わり）

3.2　連続データの分布

　データが連続な値をとる場合について，説明を続けましょう．前の章で使われた初任給，所得，新生児体重などのデータはすべて連続な値をとります．この章の最初で述べたように，このようなデータは簡単に連続データともよばれます．離散データではなく，連続データの分布の形を調べてみましょう．

●3.2.1　左右対称な形

自然現象として綺麗な左右対称分布が生じることは難しいようです．図 3.3 は，高 3 女子の身長分布です（「学校保健統計調査」（文部科学省，2001～10 年の合計））．139 cm から 175 cm まで，2 cm ごとの区間をもとに比率（相対度数）が計算されています．横軸座標値は区間の中点で，4 cm ごとに記入されています．最初の区間は，139～141 で，中点は 140 です．最頻値は図から分かるように 156 cm，平均は 157 cm と計算されました．中央値は，平均よりわずかに小さな値です．したがって，最頻値＜平均となりますが，高 2 の最頻値は 157 cm になっており，分布が年々変化することを考慮すれば，身長の分布は左右対称であるといってもよいでしょう．この点は，3.3 節で再検討します．

図には，区間の中点を結んだ折れ線も描かれています．折れ線グラフを滑らかな曲線に加工してあり，これをスムージングといいます．棒からも折れ線からも，159～161 cm 区間（中点は 160 cm）の相対度数が少し高めになっていることが分かります．

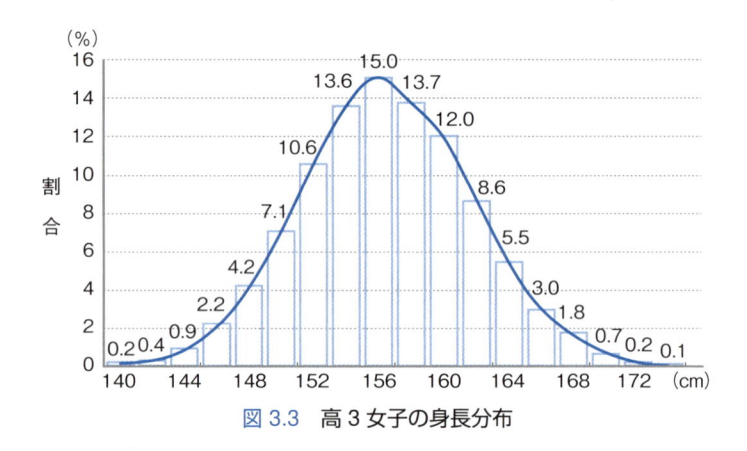

図 3.3　高 3 女子の身長分布

❖ コラム　徴兵逃れと身体測定にみる不正申告

19 世紀前半，ベルギーの統計学者ケトレーは，男性に関する身長分布が図 3.3（高 3 女子の身長分布）のように，左右対称な釣り鐘型になることに気づきました．そして，この性質から，フランス男性の徴兵逃れを見つけ出したので

す．図 3.3 で，もし身長 145 cm 以下の棒にコブ（凸）があったらおかしいと思うでしょう．ケトレーは徴兵検査の対象となった男性の身長について，そのようなコブがあることに気がつきました．徴兵を逃れるために，多くの男性が徴兵基準に満たない低い身長を申告していたのです．

図 3.3 は，2001 年から 2010 年までの「学校保健統計調査」の 10 年分から作っていて，調査対象者はほぼ 20 万人です．この 10 年間は，平均身長の変化がほとんどないことが分かっているのですが，1 cm ごとの度数分布表を作ると，ケトレーが見つけたような不正な測定が，女子については 159〜160 cm 区間ではっきりと見つかります．前頁で 159〜161 cm 区間の相対度数が少し高いといいましたが，実は 159〜160 cm 区間に不正な測定がありました．男子でも，169〜170，179〜180 cm 区間で不正な測定が見つかります．男子に関する折れ線グラフを見てください（図 3.4）．これらの区間にコブ（凸）があり，その直前の区間が凹になっています．この現象は高 3 だけではなく他の学年でも見つかります．高 1 も高 2 もコブは同じ区間にあります．170，180 cm を目前にして，多くの生徒が空しい努力をしているようです．

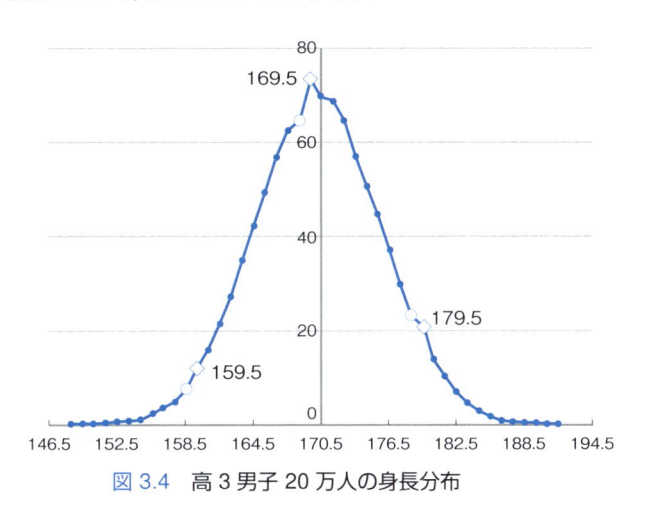

図 3.4　高 3 男子 20 万人の身長分布

●3.2.2　双峰分布

おかしな形の分布もあります．たとえば，双峰分布という山が 2 つあるような分布が知られています（複峰分布ともいいます）．たとえば高 3 男子 1000 人

と 10 歳男子 1000 人を合わせ，2000 人の身長分布を作るとどうなるでしょうか．結果は，図 3.5 のようになりました．高 3 のほとんどは右の山に位置します．10 歳のほとんどは左の山に入ります．そして，155 cm の周辺は両方が重なっています．もとのデータを調べると，両方が重なるのは 152 cm から 162 cm くらいの範囲です．図 3.5 は，スムージングの加工をしていますが，図 3.3 のように棒グラフの頂点を結んだ折れ線グラフです．

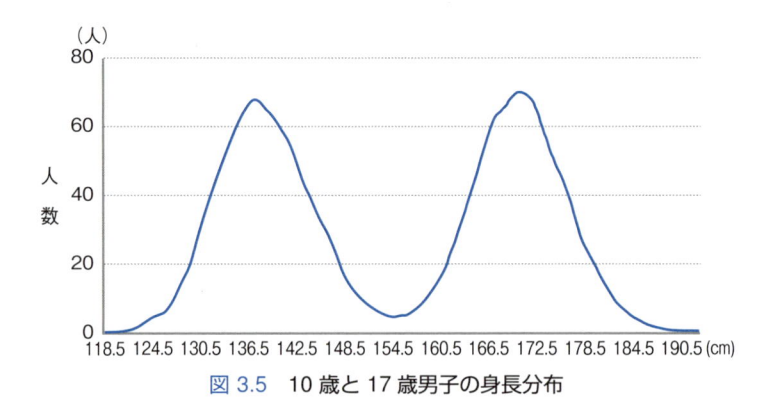

図 3.5　10 歳と 17 歳男子の身長分布

図 3.6 では，高 3 の男子 1000 人（黒の破線）と女子 1000 人（青の破線）の身長分布と，男女を合わせた 2000 人の身長分布（青の実線）を描いてあります．図 3.3 と同様に，棒の頂点を結んだ折れ線グラフです．重なる部分の人数が多いため，図 3.5 のようには谷ができず，左の山頂と右の山頂が連なったような

図 3.6　高 3 男女全体の身長分布

形状になります．双峰分布とはならず，頂が扁平です．逆にいえば，このように頂が平たくなっている分布があれば，背後に2つの分布が潜んでいる可能性を考慮する必要があります．なお，図3.5と違い，この図ではスムージングをしていないため，折れ線がジグザグになっています．

3.3 歪んだ分布

10点満点の小テストの成績が，図3.7のようになっていたとします．横軸は点数，縦軸は度数（人数）で，棒の上の数値が特定の点での度数です．得点は4点以上で，分布はほとんど左右対称です．

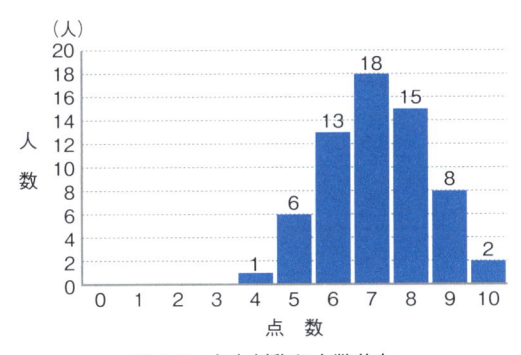

図 3.7 左右対称な点数分布

受験者は全部で63人です．図から明らかですが，この試験の最頻値は7点です．63人の真ん中の人は32番目ですから，中央値は7点のグループに入ります．平均は棒グラフより計算すれば

$$\frac{1}{63} \times 4 + \frac{6}{63} \times 5 + \frac{13}{63} \times 6 + \frac{18}{63} \times 7 + \frac{15}{63} \times 8 + \frac{8}{63} \times 9 + \frac{2}{63} \times 10 = 7.1$$

となります．4点が1人，5点が6人，6点が13人などと点数の総和を求め，63で割って平均を求めます．あるいは，4点の比率が $\frac{1}{63}$，5点の比率が $\frac{6}{63}$，6点

の比率が $\frac{13}{63}$ などと理解し，点と比率を掛けて合計を求めれば平均になる，とすることもできます．先の騎兵部隊データと同じです．

このケースのように，点数の分布が中心（7点）の左右にだいたい均等に散らばっていれば，おおまかですが，

$$平均 = 中央値 = 最頻値$$

となります．

●3.3.1 負に歪んだ分布

図 3.8 は，低得点をとる生徒が少なからずみられるが，多くの生徒は 6 点以上をとっているという分布です．このように，低い値が少なからずある分布を「負の裾が長い分布」といいます．あるいは「負に歪んだ分布」といいます．裾が左にあるので，左に歪んだ分布ともいいます．最頻値は，7 点となり，図 3.7 と同じです．中央値は 32 番目の点ですから，6 点となります．確かに，7 点以上は 31 人で，上から 32 番目は 6 点グループに入っています．同じく，5 点以下は，22 人，6 点以下は 32 人で，32 番目は明らかに 6 点です．他方，平均を計算すると 5.95 になります．したがって，

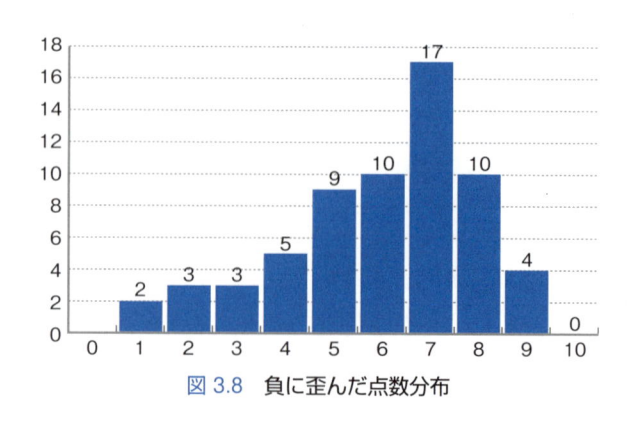

$$平均 < 中央値 < 最頻値$$

図 3.8　負に歪んだ点数分布

という関係が成立します．これが，負に歪んだ分布の特質です．

このような3つの代表値に関する不等号関係は，英語のスペルにより決まっています．平均は mean，中央値は median，最頻値は mode ですから，アルファベットの順番で並べると

$$\text{mean} \rightarrow \text{median} \rightarrow \text{mode}$$

となります．これが負に歪んだ場合の順番です．難しそうですが，負に歪んだ場合は，最頻値の山が右に出てきます．そうすると，平均が1番，中央値が2番，最頻値が3番と決まります．最頻値の山が右のほうに出てくると，それより右に平均が位置することはないからです．また，中央値はいつも真ん中です．最頻値の位置から，3つの代表値の大小がすぐに分かります．

●3.3.2　正に歪んだ分布

図 3.9 を見てみましょう．裾が右に長いので「右に歪んだ分布」ともいいます．負に歪んだ分布の反対のケースです．高得点方向に裾が長く，低得点は，裾がすぐ切れます．このケースについて最頻値は，5点です．中央値は，5点以下が24人，6点以下が39人なので，6点が32番目になります．平均は 6.20 です．したがって，

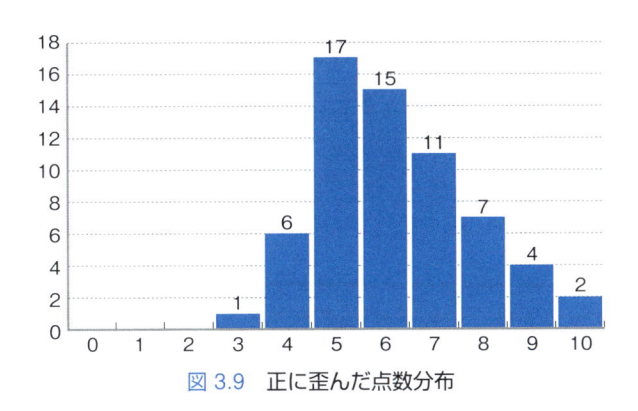

$$\text{最頻値} < \text{中央値} < \text{平均}$$

図 3.9　正に歪んだ点数分布

という関係が成立しています．このケースでは，最頻値の山が左のほうに現れます．そうすると，最頻値が1番，中央値が2番，平均が3番となります．

試験の点数分布は，左右対象な分布であることが望ましいと考えられます．平均は全体の中心，平均を超える得点，超えない得点は同じくらいの比率で見られ，また，平均から離れた点数は，プラスであれマイナスであれ，平均から離れるほど同じような比率で減っていく，という分布です．

負に歪んだ分布は，点数全体からいえば高得点の割合が多すぎます．中央値より最頻値が右にあることからも，高得点の割合が高いことが分かります．逆に正に歪んだ分布は，全体から見れば，低得点の割合が多すぎます．最頻値より中央値が右にあることから，これが分かります．試験としては，問題のバランスがよくなかったようです．

●3.3.3　歪みの尺度

分布の歪みを判断する指標として，歪度（skewness）がよく知られています．第2章で説明したように，データの平均と標準偏差を用いれば，データが基準化できます．歪度は，基準化値の3乗

$$\left(\frac{\text{データの各値} - \text{平均}}{\text{SD}}\right)^3$$

の平均です．データのすべての値を基準化し，それらを3乗して和を計算し，データの大きさで割って求めます．

図3.9のように分布が正の方向に歪んでいれば，「データの各値－平均」はプラスの値をとる可能性が高くなります．また，「データの各値－平均」は絶対値でも大きな値をとる可能性が高くなります．その結果，正の方向に歪んでいる分布では，歪度はプラスになります．

図3.8のように負の方向に歪んでいる分布では，まったく逆の現象が起きます．「データの各値－平均」はマイナスの大きな値をとりやすく，結果として歪度はマイナスになります．

左右対称な分布では，「データの各値－平均」はプラスもマイナスも同じような値を同じ比率でとるため，歪度は0に近い値となります．

分布の歪みは図形によってではなく，この歪度によって定義されます．歪度がプラスなら分布は正の歪み，マイナスなら分布は負の歪みを持つと判断されます．第2章の章末に示したExcel基本統計量の計算結果である表2.5を参照してください．今日では，多くのデータ分析において，歪度はデータの基本的な性質の一つとして計算されています．

例3.3　年間給与所得分布

図3.10は，男性給与所得者が得た控除前の年間給与総額の分布です．横軸は100万円ごとに刻みが入っており，区間の中点は50万円，150万円などとなっています．総人数は2774万人，1000万円を超える高額所得については，詳細な数値が得られないため，おおまかです（「民間給与実態統計調査」（国税庁，2009年））．ここでは典型的な正の歪みが生じています．ですから，3つの代表値は，最頻値＜中央値＜平均，という順番になります．最頻値は300〜400万円の棒ですから，区間中点の350万円としてよいでしょう．中央値は，比率を足していくと，300〜400万円の棒までで0.47，400〜500万円の棒までで0.64となりますから，400〜500万円の棒に入っています．おおよそ，棒の中央，450万円くらいでしょう．平均は，482万円と計算されました（図では示されていない2500万円以上の0.36%の人とその平均4029万円を入れると，平均は500万円と計算される）．平均給与が482万円であるとすると，中央値＜平均ですから，5割を超える人が平均以下の所得し

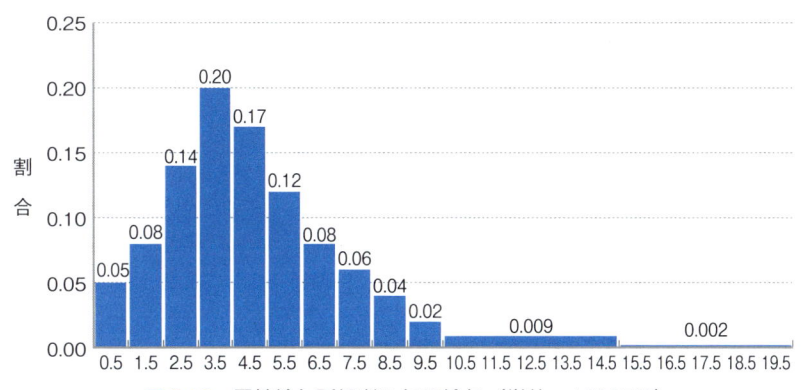

図3.10　男性給与所得者の年間給与（単位：100万円）

か得ていないことが分かります．給与所得者の平均としては，中央値のほうが理解を得やすいようです．しかし，困難なのは2774万人分の給与の中央値を求める操作です．歪度を計算すると0.31でした．（例 終わり）

3.4　尖った分布

尖った形のヒストグラムもしばしば見かけます．ただし，ヒストグラムが尖っているかどうかを検討する場合は，データを基準化しないといけません．なぜなら，基準化しなければ，分散の大小により分布型が大きく違ってくるからです．分散が小さいデータの分布は平均の周辺に集中し，分散が大きいデータより尖っていると誤解されてしまいます．

データAの平均は0，分散は9，データBの平均は0，分散は1であったとしましょう．この場合は，データAに比べてデータBは分散が $\frac{1}{9}$ ですから，度数分布はAよりはるかに0の周辺に集中します．したがって，横軸座標の原点0周辺における棒の高さもAより高くなります．

図3.11では，図3.3のようにデータのサイズが非常に大きく区間幅は小さくとれるとして，棒の頂点を結んだ折れ線グラフをスムージングして描いています．描かれているのは，分散が異なる2つの折れ線グラフです．分散が大で

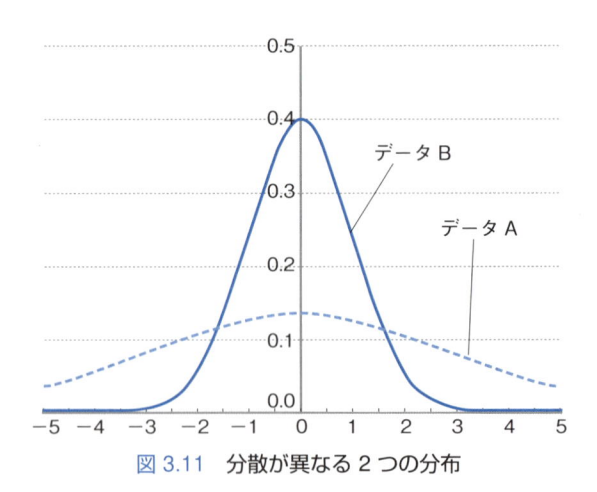

図3.11　分散が異なる2つの分布

あるデータ A が点線，分散が小さいデータ B が実線です．

この図では，実線のデータ B が尖っているように見えます．しかし 2 つのデータを基準化してから図を描くと，2 本の折れ線グラフはまったく同じになってしまいます．したがって，2 つのデータには，尖り具合に違いはまったくありません．

● 3.4.1 尖りの尺度

分布の尖り具合を測る尺度も知られています．基準化値の 4 乗

$$\left(\frac{\text{データの各値} - \text{平均}}{\text{SD}}\right)^4$$

の平均です．基準化した値を 4 乗し，和を求めてデータの大きさで割れば求まります．尖度とよばれますが，歪度と計算の方法はよく似ています．歪度は 3 乗の平均，尖度は 4 乗の平均です．

第 4 章で説明する正規曲線では，尖度は 3 になります．そこで，尖度は「4 乗の平均マイナス 3」と定義されることもあります．

例 3.4 ダウ平均株価　　図 3.12 のヒストグラムは，ダウ平均株価というアメリカにおける代表的な株価指数の変化率から作りました．株価指数とは，平均株価のような数値で，株価が全般に上がっていれば指数も上昇します．多くの株価が下がっていれば指数も下がります．日本では，日経平均株価（「日経 225」ともよばれます）がこのような指数として知られています．

この指数のほぼ 10 年分（2450 日）の記録から，日々の変化率を求めました．変化率は，1 日の変動幅を，昨日の値で割って求めます．式では

$$\frac{\text{今日の値} - \text{昨日の値}}{\text{昨日の値}}$$

と定義されます．変化率は収益率ともよばれます．昨日 1000 円で買った株が 1050 円になれば，儲けは 50 円，収益率は $\frac{50}{1000}$ で，0.05 です．％で表すと 100 倍して 5 ％になります．図では，ダウ平均株価の変化率データを基準化して，

棒グラフを作成しています．基準化しないと，分散の差異が，平均への見かけの集中度に影響することはすでに述べた通りです．

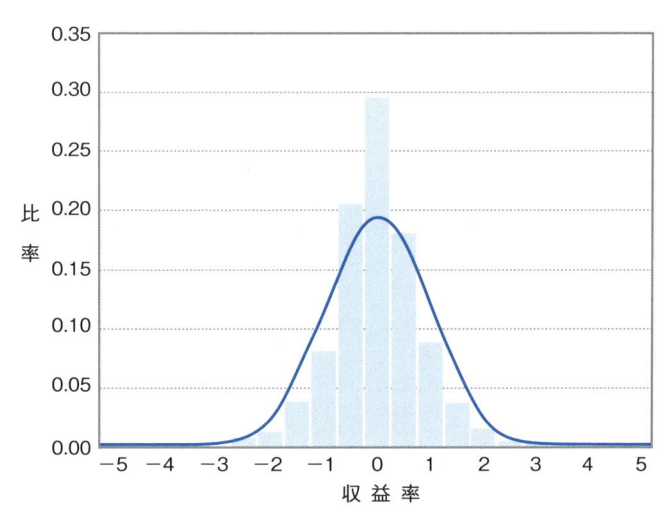

図 3.12　基準化されたダウ平均の収益率

　分布の尖りは，標準となる分布と比較して判断します．その標準となる度数分布が図 3.12 に示された曲線です．この曲線は標準となる分布に基づいて作ったヒストグラムの頂点を結んで滑らかに描いた図と理解してください．ダウ平均株価の収益率に関する度数分布は，区間を $-5.25, -4.75, -4.25, -3.75, -3.25, \cdots$ と 0.5 幅で作り，度数をカウントしたものです．横軸の座標値は，区間中点です．また，縦軸は，相対度数，つまり，区間の度数を全日数 2450 で割った値となっています．そして，棒の高さが各区間の比率になっています．区間幅がすべて同じですので，ここでは，相対度数を区間幅で割るヒストグラムの手続きを使用していません．

　曲線は，次章で説明する平均が 0，分散が 1 の標準正規密度に区間幅 0.5 を掛けて求めています．これが棒グラフの基準となります．曲線と比べれば棒グラフは中央で高くなり，図からは見にくいのですが，その分，左右の大きな値をとっています．これを「両裾が広い」と表現します．これが尖っている分布

の特徴です．

　ダウ平均株価の利回りについては，尖度は 10.5 でした．したがって，3 を引くと 7.5 になります．第 2 章の「補論」に示した Excel 基本統計量の計算結果である表 2.5 を参照してください．尖度も歪度と同様，多くのデータ分析ソフトにおいて，データの基本的な性質を示す指標として自動的に計算されます．

●練習問題●

3.1 硬貨を20回投げるゲームにおいて分散を求めるとします．「データの各値 − 平均」の2乗和をデータの大きさである20で割ると，分散が「平均 − 平均の2乗」になることを確認しなさい．

3.2 図3.7，図3.8，図3.9のデータについて，平均，分散，標準偏差，歪度をExcelで計算しなさい．度数分布表では，同じ値が繰返し観測されるとして計算を続けます．

3.3 電力供給のデータを入力し，発電量に関する円グラフを作りなさい．
〈ヒント〉 Excelシートにデータ（表3.3の2行目と3行目）を入力し，データの範囲を選択しアクティブ（色のアミがかかっている状態）にしておけば，リボンの [挿入] をクリックし，「グラフ」内の [円] へと進み，作りたい円グラフのデザインを選ぶだけで円グラフが作図できます．扇の色分けも容易です．作成した円グラフ上で右クリックをし，[データ系列の書式設定] を選択すると，図の表現を変えるフォームが出てきます．

第4章 正規分布

これまでいろいろなデータについて分布の形状を見てきましたが，統計学においてもっとも頻繁に利用されるのは，<u>正規密度分布</u>です．すでに第3章でベル（鐘）型の綺麗な曲線が紹介されましたが，これが正規密度分布です．滑らかな曲線ですが，非常に細かくとった区間に対して区間の比率が与えられており，それに基づいて棒グラフを作成したと考えてください．棒の頂点を結んだ折れ線がベル型曲線です．細かな区間ごとに棒を描くと，棒の面積の総和は1になります．

4.1 正規曲線

滑らかなベル型曲線の高さを，相対度数ではなく<u>正規密度</u>とよびます．正規密度は数式に基づいて計算されますが，本書では式の定義などはパスしましょう（参考のために，4.5節「補論」に式を記述してあります）．正規密度の値は，式を知らなくても，今日ではExcelで簡単に計算できます．相対度数分布のように，正規密度の全体を<u>正規密度分布</u>とよびます．

平均が157.4，SDが5.4の正規密度分布は<u>図4.1</u>の曲線になります（4.2節で出てくる平均と標準偏差（SD）を使っています）．曲線は平均157.4で最高値となります．そして横軸に非常に近くなるのはSDの3倍くらいの値，140，175くらいです．これは，第2章で説明した3シグマ区間に対応しています．図からは見えませんが，この曲線が横軸と接することはありません．

図 4.1 には 1 cm 幅の棒グラフを入れましたが，これは正規密度分布が細かい区間の棒グラフからできているというイメージを説明するために描きました．実際の正規密度分布は，図示が不可能な狭い区間について棒があり，頂点を結ぶとベル型の曲線になると理解してください．

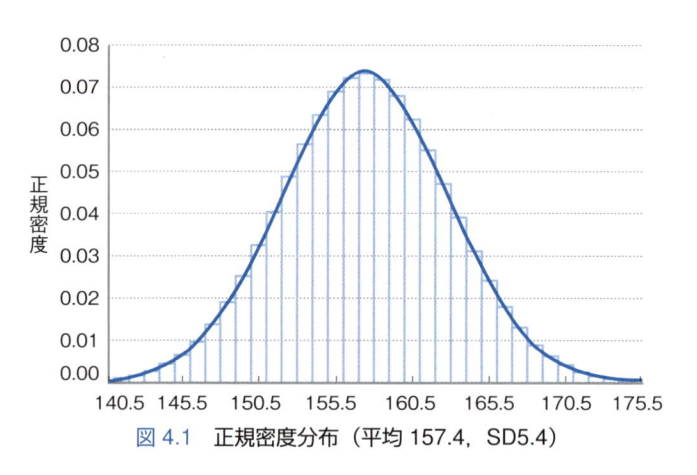

図 4.1　正規密度分布（平均 157.4，SD5.4）

相対度数分布と同様に，正規密度分布の平均と分散を計算することができます．さらに，正規密度分布は，平均と分散によって形が完全に定まることが知られています．とくに，平均が 0，分散が 1 となる場合を，標準正規分布といいます．本章の 4.3 節ならびに 4.4 節で詳しく説明しますが，標準正規分布は正規分布の中心的な役割を果たします．

●4.1.1　累積分布

第 1 章の 1.4 節で，相対度数を最低の区間から積み重ねて求めた累積相対度数（累積した区間の比率）を学びました．相対度数は区間ごとに求められますが，累積相対度数は，区間の上限以下に位置する区間比率の総和です．この折れ線は 0 から始まりますが，右上がりになり，最後に 1 に到達します．

図 1.4 は初任給に関する累積相対度数の分布でした．図 1.6 のローレンツ曲線は，低所得者から高所得者に人々を並べたときの，総所得に占める相対所得の累積和が描かれていました．第 2 章でも，乳児の体重分布に関するパーセン

ト点（パーセンタイル）を説明するために図 2.3 を示しましたが，これは体重に関する累積相対度数分布でした．もとのデータが大きいため，図 2.3 では折れ線が曲線になっています．

正規密度については，図 4.1 の棒を足し合わせることによって任意の区間について，その面積を計算することができます．相対度数分布をもとに，任意区間の比率の合計を求めたのと同じです．相対度数分布であれば，棒の面積をすべて足すと 1 になります．正規分布も同じ性質を持っており，曲線でカバーされるベルの面積は 1 です．したがって，任意の区間の面積は 0 から 1 までの正の値になります．

正規密度曲線において，横軸の座標値より左部分を占める面積は，累積した正規密度という意味があります．累積相対度数の全体を累積相対度数分布といいましたが，正規分布では，累積相対度数の全体を累積正規分布といいます．累積正規分布は，図 4.2 の曲線になります．イメージとして区間の比率を積み上げて求めているので，1 cm 間隔の累積相対度数を曲線に重ねて描いてあります．平均と SD は図 4.1 と同じです．図 4.1 と合わせればよく分かるでしょうが，横軸の 140 より左では，図 4.1 の面積はなく，したがって累積正規分布は 0 です．平均の位置（157.4）で，正規密度の面積はちょうど半分の 0.5 になり，図 4.2 ではそれが縦軸の値 0.5 になっています．そして 175 でほとんど 1 です．第 1 章の図 1.4 と比べると，滑らかに増加する曲線になっています．

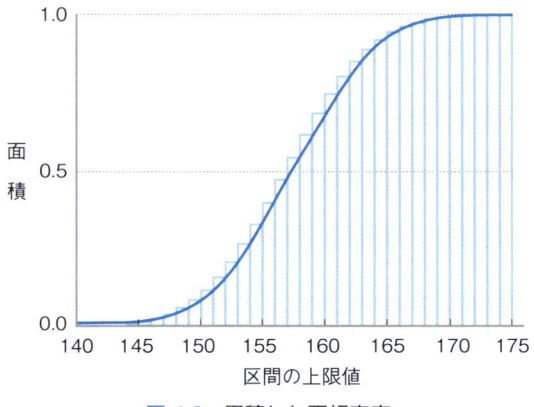

図 4.2 累積した正規密度

4.2 身長の分布

高校生の身長のデータを使って,正規曲線の実例をみてみましょう.前章の身長分布の棒グラフ(図 3.3)では,頂点が滑らかな曲線で結ばれていました.しかし 160 cm の棒が高いため曲線は少し歪んでいました.もう少し左右対称な曲線を求めるため,データを 10 年分集め,さらに区間を 4 cm 間隔に広げて表を作り直したのが,表 4.1 です.1 列目は区間,2 列目は区間の中点,3 列目は,データから計算した区間の比率(相対度数)です.たとえば,150〜154 区間の比率が,0.181 になります.平均は 157.4 cm,SD は 5.4 cm と計算されました.

表 4.1 高 3 女子の身長データ

区間	区間中点 (代表値)	区間比率 (相対度数)	正規密度 (中点での密度)	正規区間比率 (正規密度)×4
138〜142	140	0.002	0.0004	0.002
142〜146	144	0.012	0.0035	0.014
146〜150	148	0.064	0.0165	0.066
150〜154	152	0.181	0.0450	0.180
154〜158	156	0.285	0.0711	0.285
158〜162	160	0.262	0.0654	0.262
162〜166	164	0.139	0.0349	0.140
166〜170	168	0.045	0.0108	0.043
170〜174	172	0.009	0.0020	0.008
174〜178	176	0.001	0.0002	0.001
合　計		1		1

身長の平均は 157.4 cm,SD は 5.4 cm.

表 3 列目の区間比率(相対度数)より図 4.3 の棒グラフを作りました.図 4.3 では,棒の頂に○の印を入れてあります.これは,後の図で棒を描く代わりに○で済ますための準備です.○はいつも区間中点における棒の高さを示します.

この図では,ヒストグラムのような,高さ＝区間比率÷区間幅,という調整を施していません.理解を容易にするため,区間比率を縦軸として図を作成し

ています．区間幅がすべて同じであるため，高さとして区間比率をとったほうが分かりやすいと考えたからです．区間比率の合計は1です．

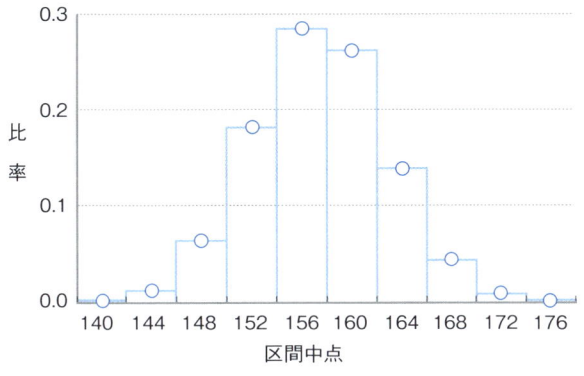

図 4.3 身長の棒グラフと頂点の印

●4.2.1 正規密度分布との比較

表 4.1 の 4 列目は，140，144，148，$\cdots$，176 という座標点（区間中点）における正規密度です．この計算には身長の平均 157.4 と SD 5.4 が必要です．しかし，身長の相対度数分布表に含まれる区間比率とはまったく無関係に，正規密度の関数により計算しています．正規密度が何であろうと，数学的に決まっている関数に，平均，SD，区間中点を代入して求めた値で，Excel で簡単に求めることができます．

5 列目は，4 列目で計算された正規密度を 4 倍した値とします．区間幅が 4 なので 4 倍して，正規曲線から求めた区間の比率（相対度数）を求めています．3 列目と同じく，合計はほぼ 1 です．

ヒストグラムの手順に従えば，3 列目の区間比率を区間幅で割って，棒の高さとすべきでしょう．そうしていれば，正規密度を 4 倍する必要はなく，4 列目を比較に使えます．すでに述べたように，分かりやすさのため区間比率をそのまま高さとし，逆に，正規密度を 4 倍して調整しました．

図 4.4 では，5 列目から作った滑らかな曲線が入っています（折れ線グラフ

をスムージングという手法で滑らかな曲線に変えています）．この左右対称なベル型の曲線が正規密度分布です．曲線の関数は，平均と分散が与えられれば数学的に決まります．正規密度の計算は Excel を使えば簡単にできます（**練習問題**4.1）．図 4.4 の○は，図 4.3 から棒を除いた頂点の印です．

　データから求めた○が，ほとんど正規密度分布の上にあることに注意しましょう．頂点の○は，図 3.3 よりもはるかに滑らかな分布を示しています．図 3.3 では 159〜161 cm 区間が対称な形からずれることを指摘しましたが，図 4.4 の 158〜162 cm 区間は正規密度分布の上に乗ります．この区間の中点は 160 cm です．少しずれているとしたら，144 cm です．身長の分布は，正規密度分布に一致するといってよいでしょう．

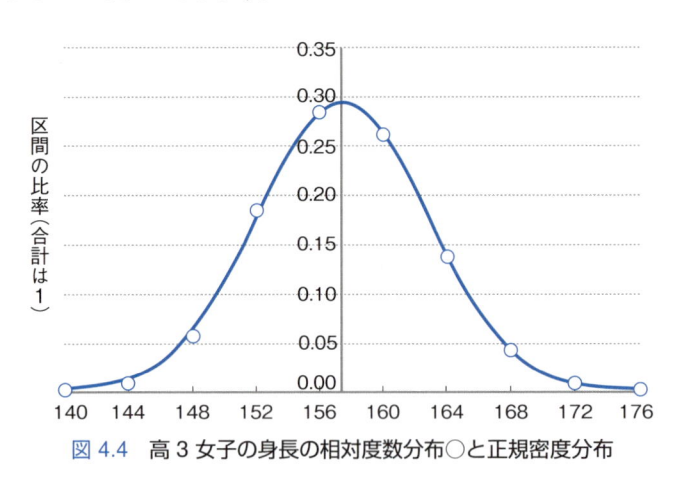

図 4.4　高 3 女子の身長の相対度数分布○と正規密度分布

例 4.1　身長分布の歪度と尖度

第 3 章の 3.3 節と 3.4 節で説明した歪度と尖度はどうなるでしょうか．正規分布の歪度は 0，尖度は 3 であることが知られています．したがって，身長の棒グラフから歪度と尖度を計算しても，ほとんど 0 と 3 になることでしょう．図 3.10 と図 3.11 に描かれていた滑らかな曲線も正規密度分布でした．ですから，尖度は 3 です．

　表 4.1 の度数分布表から，歪度と尖度を計算しましょう．度数の回数だけ区間中点の値が繰り返して計測されたと考えて計算します．度数を総数で割れば

区間比率です．

表の 4 列目が区間比率です．平均は，「区間比率 × 区間中点」の合計で

$$0.002 \times 140 + 0.012 \times 144 + \cdots + 0.001 \times 176 = 157.4$$

となります．分散は，「区間比率 ×(区間中点 − 平均)^2」の合計で

$$0.002 \times (140 - 157.4)^2 + 0.012 \times (144 - 157.4)^2 + \cdots \\ + 0.001 \times (176 - 157.4)^2 = 29.5$$

です．SD は 5.4 です．歪度は基準化値の 3 乗について同じ操作をしますから

$$0.002 \times (\frac{140 - 157.4}{5.4})^3 + 0.012 \times (\frac{144 - 157.4}{5.4})^3 + \cdots \\ + 0.001 \times (\frac{176 - 157.4}{5.4})^3 = 0.08$$

となり，ほぼ 0 です．尖度は，基準化値の 4 乗について同じ操作をしますから

$$0.002 \times (\frac{140 - 157.4}{5.4})^4 + 0.012 \times (\frac{144 - 157.4}{5.4})^4 + \cdots \\ + 0.001 \times (\frac{176 - 157.4}{5.4})^4 = 3.03$$

となり，ほぼ 3 です．どれも区間比率を使った計算になっています．第 3 章の 3.1 節で離散分布について平均，分散を求めましたが，同じ方法を応用しています．第 1 章の 1.3 節でも同様の説明をしました．正規分布の正確な歪度は 0，尖度は 3 です．身長の度数分布は，これらの値からも正規分布とよく似ていることが分かります．（例 終わり）

●4.2.2　累積分布の比較

データの分布（累積相対度数）と累積正規分布を比較して，身長の分布が正規分布になっているかどうかを調べましょう．表 4.1 をもとにした高 3 女子の身長データの分布と，Excel で計算した累積正規分布を表 4.2 に示しました．累積相対度数は累積した区間の比率です．表 4.1 の 3 列目，区間の比率を最低区間から足して求めています．

他方，累積正規分布は，表 4.1 の 5 列目の累積和ではなく，区間上限以下の値を Excel で再計算しています．正規密度は曲線なので，棒の足し算は使わず，正確に計算し直しました（Excel では，たとえば最初の上限値について「=NORMDIST(142, 157.375, 5.43, true)」と指定します）．

表 4.2 身長の累積相対度数と累積正規分布

～区間上限									
142	146	150	154	158	162	166	170	174	178
累積区間比率（累積相対度数．表 4.1 の 3 列目を上から順に足す）									
.002	.014	.078	.260	.544	.806	.945	.989	.998	1
累積正規分布（区間上限値を使い，再計算した値）									
.002	.018	.087	.267	.546	.803	.944	.990	.999	1

身長の平均は 157.375 cm，SD は 5.43 cm．データの大きさはほぼ 2 万人．小数は小数点以下だけを示した．

図 4.5 では，□ が累積相対度数の 10 点で，データの分布です．図 4.2 のように棒グラフも入れましたが，ここでは □ は階段の角になります．他方，表 4.2 の累積正規分布の 10 点を太い実線で結びました．データ分布の □ が累積正規分布の太い実線から少しずれるのは 146 cm と 150 cm の 2 点くらいで，身長データの分布が累積正規分布と似ていることが分かります．数学的に考えられた累積正規分布と，身長データの分布がよく似るのは不思議ではありませんか．

図 4.3 の相対度数の棒グラフでは区間の中点で棒が描かれましたが，累積分布では区間上限で比率が計算されていることにも注意してください．累積した区間比率は，区間上限で計算した比率だけを使って図を描けるため，相対度数の棒グラフより簡単に作れます．高さの調整も必要ありません．

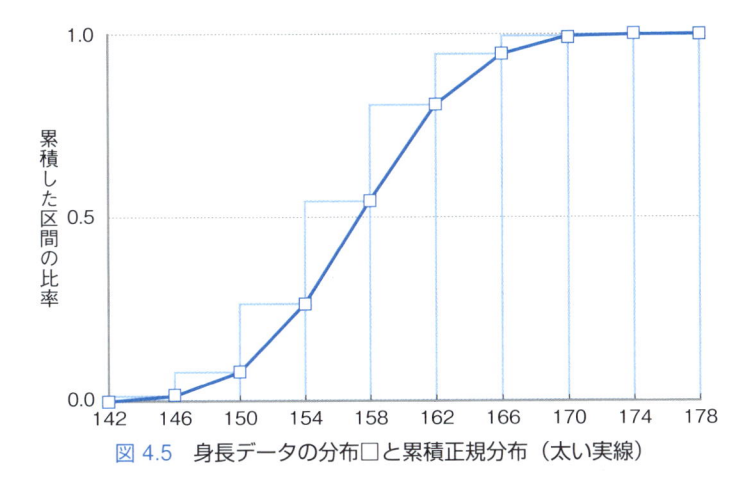

図 4.5 身長データの分布□と累積正規分布（太い実線）

❖ コラム　アメリカ人の身長は正規分布か

　文部科学省の大規模なデータがあるため，日本人については身長の分布を詳細に検討することができます．たとえば，図 4.4 は 4 cm おきの区間をとっていますが，区間幅を 2 cm としても正規分布との近似性を確認することができます．アメリカについて同様のデータを探しましたが，表 4.3 の最初の 2 行のようなデータが手に入っただけでした．これも政府データであり，データの大きさは明らかでありませんが，大きな調査をもとにして作成されていると予想できます．データは，上の 2 行から分かるように，2 インチ（約 5 cm）ごとの区間について，上限以下の身長を%で表示しています．ですから，データは最初から累積相対度数になっています．

表 4.3　アメリカ人女性（20～30 歳）の身長

身長区間の上限（cm）							
149.9	154.9	160.0	165.1	170.2	175.3	180.3	182.9
累積した区間比率（%）							
2.6	12.3	30.4	54.1	82.3	94.1	99.6	100
累積正規分布（平均 164，SD 7．単位は%）							
2.5	10.8	30.2	57.9	82.1	94.9	99.1	99.7

(http://www.cdc.gov/nchs/nhanes.htm)

もとのデータは 1 インチ間隔です．原データから，アメリカ人女性の平均身長は 164 cm，SD は 7 cm と計算できました．

累積正規分布と身長データの分布を比較しましょう．データは，5 cm ごとに境界をとり，境界以下の比率を集計していますから，累積相対度数分布になっています．他方，累積正規分布については，境界以下の総面積を Excel で求め，そのパーセント値を表 4.2 の 6 行目に示しました．4 行目とよく似ていることが分かります．累積正規分布と累積相対度数分布の棒をプロットしたのが図 4.6 です．164 cm のズレが目立ちますが，□ はだいたい曲線に沿って分布しています．この図から，アメリカ人の身長も正規分布になると判断できます（Excel では，たとえば最初の上限値について「=NORMDIST(149.86, 163.683, 7.063, true)」と指定します）．

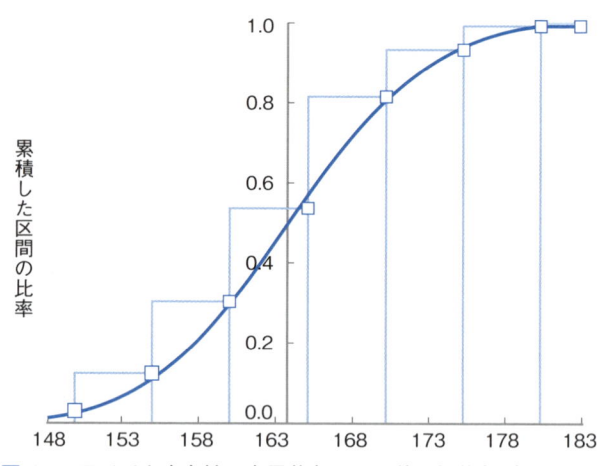

図 4.6　アメリカ人女性の身長分布□と累積正規分布（太い実線）

4.3　正規分布の性質

前節では，図を通して正規分布をみてきました．数学的な式は「補論」に書きますが，ベルの高さ（密度）は，平均と SD が与えられれば，任意の座標値に関して計算することができます．自然界でも，人間の身長が，データを集め

てみれば正規分布になっていることが分かりました．この節では，正規分布が持つ数学的な性質を紹介しましょう．

4.3.1 平均が異なる正規分布

正規分布は平均と分散が決まれば，形がすべて決まります．これがこの分布の第 1 の性質です．まず，分散は同じで，平均だけが違う 2 つの正規密度分布を図で見ましょう．イメージとしては，平均身長 170 cm の高 3 男子と，平均身長 137 cm の小 5 男子を想像しましょう．SD（分散の平方根）は共通で，いずれも 6 cm としておきます．図から分かることは，形はまったく同じだが，位置が違うということです．平均が 137 だと，分布の中心は 137．平均が 170 だと，分布の中心は 170．後は，まったく同じです．この図での縦座標は，正規密度です．

図 4.4 と比べると形は似ていますが，高さが違います．理由は，図 4.7 では縦軸座標が正規密度だからです．以下では，縦軸座標は比率ではなく密度とします．

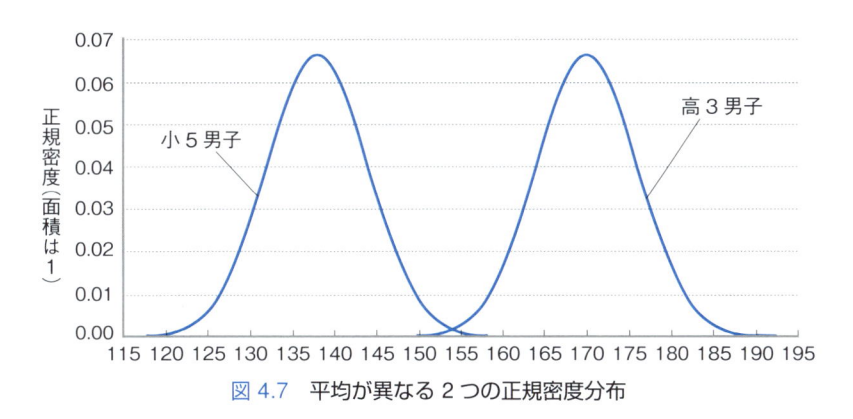

図 4.7　平均が異なる 2 つの正規密度分布

この 2 つの分布は，もとのデータから平均を引いてグラフを作れば，同じになります．図 4.7 にこの処理をして新しい図を描くと，図 4.8 になりました．2 つの線は重なり，平均 0，SD が 6 の正規分布になります．しかし，この図は SD が 6 であることに依存しています．SD が 6 というのは中途半端なので，SD も 1 に変えた標準正規分布を次節で説明しましょう．

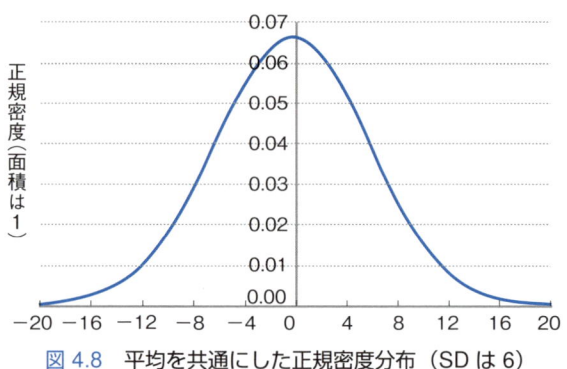

図 4.8 平均を共通にした正規密度分布（SD は 6）

●4.3.2 標準偏差も異なる正規分布

　平均も SD も異なる 2 つの正規分布を例にあげます．イメージは，日本の高 3 女子とアメリカ人女性の身長分布です．日本の平均は 157.4 cm，SD は 5.5 cm，アメリカ人女性の平均は 164 cm，SD は 7 cm です．両方とも正規分布ですが，平均が異なるだけでなく，SD も違います．このようなイメージをもとに描かれた 2 つの正規密度分布が図 4.9 です．左の分布（日本の高 3 女子）は右の分布（アメリカ人女性）より平均の周囲に集中しています．右の分布は平均は大ですが，SD も大きいため小さな値から大きな値までとります．

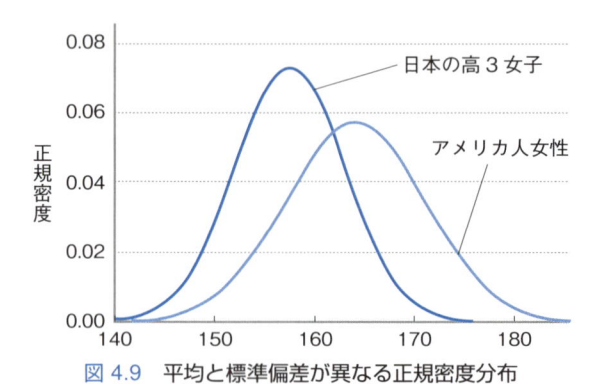

図 4.9 平均と標準偏差が異なる正規密度分布

4.3.3　標準正規分布

この2つの曲線が同じ正規分布に基づくことを確かめます．そのためには，平均の調整だけでなく，SDの調整もします．要するに基準化です．基準化は第2章の2.3節で説明しましたが，各データについて

$$\frac{データの値 - 平均}{\mathrm{SD}}$$

という操作を施すことです．そして基準化されたデータの曲線を描くと，図4.10が導かれました．図4.10は，平均が0，SDが1の正規分布で，正規分布の中でも中心となる標準正規分布です．

標準正規分布は，原点での高さは0.4ほどです．おおよそ-3と3で，横軸とほぼ接します．曲線でカバーされる領域の面積は1になります．なぜなら，区間の比率を合計すれば1になるからです．この曲線の高さ（密度）は，Excelを使えば簡単に求まります（**練習問題**4.3）．図4.1と比べて分布範囲が狭いだけ，密度が高くなっています．

標準正規分布は頻繁に使われますので，利用方法を次節で説明しましょう．

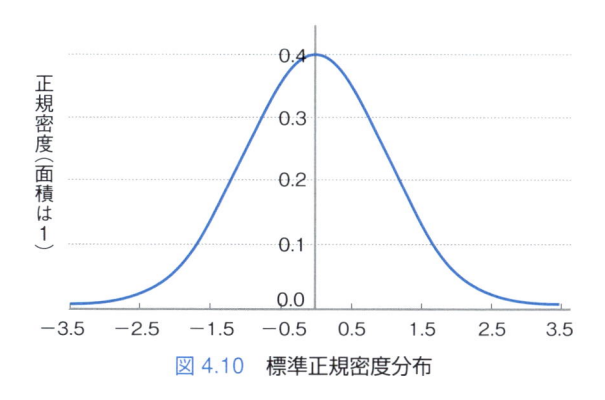

図 4.10　標準正規密度分布

4.4 正規分布から求まる比率

　正規分布は統計学で中心的な役割を果たします．ですからこの分布については，形だけでなく任意の区間の面積が重要です．最初に，平均が0，分散が1の標準正規分布について面積を調べ，次に，一般的な正規分布について区間面積の計算法を説明しましょう．

●4.4.1　標準正規分布の面積

　基本となる標準正規分布は，図4.10がその形状です．この図をもとにして，横軸座標値と比率の関係を見てみましょう．とくにこの節では，横軸の座標値と，その座標値以下の面積を調べます．これを左裾の面積，あるいは確率や比率といいます．面積は0から1までの実数になっていて，全体に占める比率でもあります．4.5節「補論」で述べるように面積の求め方は数学的には難しいのですが，Excel で計算することは簡単です．練習問題の4.3と4.4の計算を試してください．

　最初に見るのは，図4.11です．標準正規分布において横軸−2までの面積（左裾の水色部分）ですが，比率でいえばだいたい0.025，パーセントでは2.5％になります．2.5％という値がキリがよいため，重要です．また，標準正規分

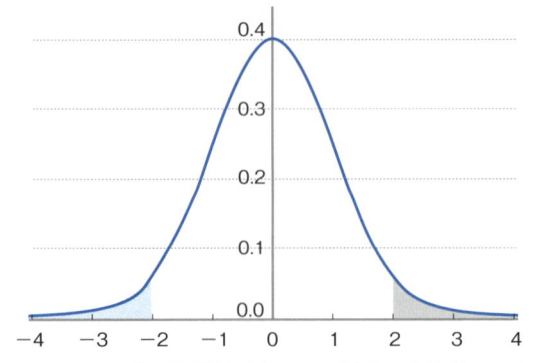

図4.11　2シグマ区間はほぼ95％（水色，灰色は2.5％）

布は左右対称ですから，同じ領域を右裾（灰色部分）にとれば，両方合わせて 5 % になります．

逆の面積を考えます．−2 より右側は，$1 - 0.025 = 0.975$，同じく，+2.0 より左側の面積は，$1 - 0.025 = 0.975$，つまり 97.5 % です．

第 2 章で学んだ 2 シグマ区間はどうなるでしょうか．この分布では SD は 1 です．したがって，2 シグマ区間は（−2〜2）という簡単な区間になります．図 4.11 でいえば，色がついていない中央の領域です．この外側の比率がほぼ 0.05 （5 %）ですから，2 シグマ区間の比率はほぼ 0.95（95 %）になります．

繰り返すと，左裾の水色部分は 2.5 % くらい，右裾の灰色部分も 2.5 %，そして中央の白色部分が 95 % です．

次は図 4.12 で，−1.65 までの水色に塗った左裾です．これはほぼ 5 % になります．−1.65 以下の左裾（水色部分）と，+1.65 以上の右裾（灰色部分）の両裾で 10 % です．中央の白色部分が 90 % で重要な領域となります．逆に，−1.65 から右の全体は 0.95，+1.65 より左の全体も 0.95 です．5 % とか 10 % はよく使われます．

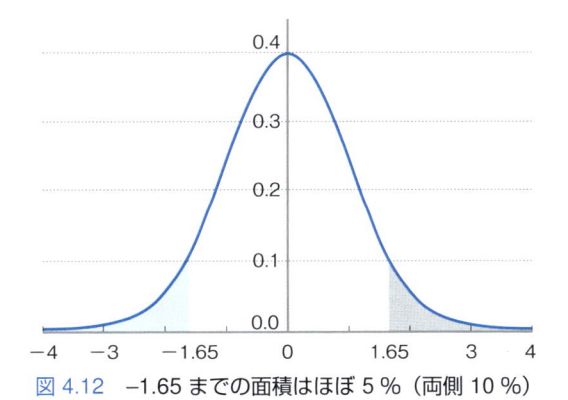

図 4.12 −1.65 までの面積はほぼ 5 %（両側 10 %）

最後は，1 シグマ区間の図 4.13 です．（−1〜1）区間の面積は 68 % になります．−1 以下の左裾（水色部分）はほぼ 16 %，+1 以上の右裾（灰色部分）は同じく 16 % です．全体のほぼ $\frac{1}{3}$ が 1 シグマ区間の外側の面積となり，全体の

ほぼ $\frac{2}{3}$（66.7 %）が1シグマ区間に入ります．

図 4.13　1シグマ区間は 68 %

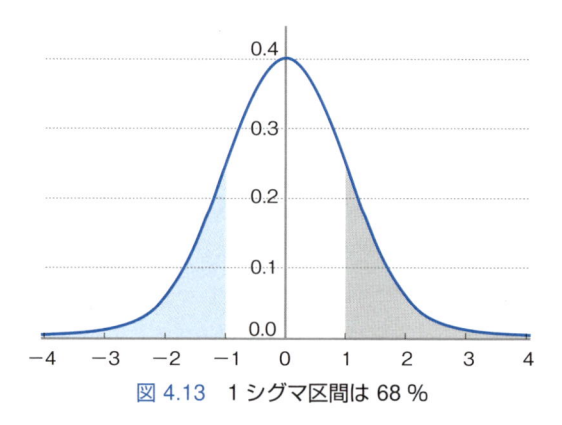

図にはしませんが，3シグマ区間は（−3〜3）です．この区間の比率は 0.997，99.7 %となります．−3以下は 0.1 %，＋3以上の比率は 0.1 %ですが，四捨五入の関係で，3シグマ区間は 0.997 です．3シグマ区間にはほとんどすべてのデータが含まれます．

●4.4.2　標準正規の累積分布曲線

正規密度と累積正規分布の間には，相対度数分布から累積相対度数を求めたのと同じ厳密な関係があります．特定の上限以下の相対度数を足したのが累積相対度数でした．正規分布については，特定の座標値以下（特定の座標より左側）の正規密度の面積（比率）が，累積正規分布の値になります．

図 4.14 には，図 4.11，図 4.12，図 4.13 で使われた座標に重要な座標を追加した上，13個の印が入れられています．表 4.4 には図 4.14 に入っていない点も加えています．

標準正規の累積分布曲線はこれらの点だけではなく，すべての座標値について比率を計算します．それらの点を結ぶと，図 4.14 の滑らかな曲線になります．0から始まり，徐々に増加して，最後に1に達しますが，厳密には，マイナス無限大で 0，プラス無限大で 1 になります．Excel で計算すれば，任意の座標に対する比率は簡単に求まります．

表 4.4 標準正規分布表

マイナス範囲							
座標	−3.0	−2.57	−2.33	−1.96	−1.65	−1.285	−1.0	−0.675
面積	0.001	0.005	0.01	0.025	0.05	0.10	0.16	0.25

プラス範囲							
座標	0	0.675	1.0	1.285	1.65	1.96	2.33	2.57	3.0
面積	0.5	0.75	0.84	0.90	0.95	0.975	0.99	0.995	0.999

(座標より左の面積)

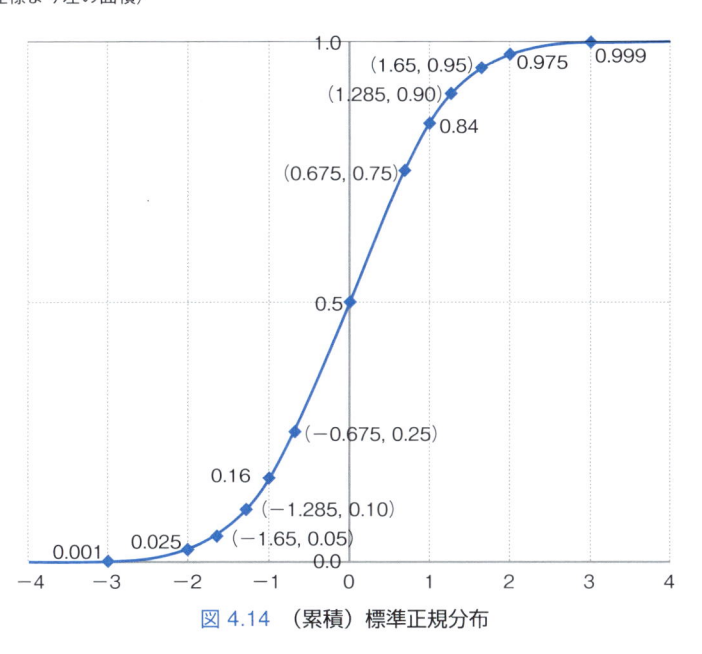

図 4.14 (累積) 標準正規分布

●4.4.3 一般の正規分布について

■ Excel で計算する場合

任意の区間の比率はどうすれば求まるでしょうか. a から b まで区間

$$(a \sim b)$$

に入る比率であれば,「b 以下の比率」から「a 以下の比率」を引けば求まります. 改めて図は描きませんが, 正規密度分布の図を眺めれば分かるでしょう.

Excel を使う計算は簡単で，平均が m，標準偏差が SD ならセルの中で

$$\text{=NORMDIST(b,m,SD,true)-NORMDIST(a,m,SD,true)}$$

という式を書いて Enter を押すだけです．ただし，a，b，m，SD はすべて数値とします．標準正規分布の計算では，m が 0，SD が 1 です．

Excel で計算するのなら，次で述べる基準化はまったく必要ありません．平均や分散がどんな値であれ，機械的に比率を求めることができます．

■ 手計算で標準正規分布表を使う場合

「補論」に載せた標準正規分布表を使って区間の比率を求めるのが，どの統計学の教科書にも出ている伝統的な計算方法です．多少面倒ですが，説明をしましょう．Excel が使えない人はこの計算をしてください．

標準正規分布表を使うためには，基準化が必要です．平均が m，標準偏差が SD の正規分布なら，

$$(a < \text{データの値} \leqq b)$$

の比率を求めるために，区間の下限と上限を同時に基準化します．新しい不等式は

$$a' = \frac{a - \text{平均}}{\text{SD}} < \frac{\text{データの値} - \text{平均}}{\text{SD}} \leqq \frac{b - \text{平均}}{\text{SD}} = b'$$

となります．基準化されると平均は 0，分散は 1 です．したがって，標準正規分布表において，「b' 以下の比率」から「a' 以下の比率」を引けば，求める比率が得られます．どのような正規分布であっても，この変換により面積を計算できるので，標準正規分布表は応用範囲が広く重要です．

正規分布は連続な値をとるので，区間の「以上～未満」あるいは「超～以下」の違いはまったくありません．どちらも同じ結果をもたらします．

●4.4.4 2シグマ区間

一般の正規分布での2シグマ区間の比率はどうなるでしょうか．2シグマ区間は次のように書けます．

$$\text{平均} - 2 \times \text{SD} < \text{データの値} \leqq \text{平均} + 2 \times \text{SD}$$

この区間を基準化により書き直すと，不等式は

$$-2 < \frac{\text{データの値} - \text{平均}}{\text{SD}} \leqq 2$$

となります．したがって，標準正規分布では，-2 と $+2$ に挟まれる区間の比率になります．ですから，図 4.11 に戻り，ほぼ 95 % です（簡単です）．1 シグマ区間なら，同様の変換により図 4.13 になり，ほぼ 68 % となります．

例 4.2 高 3 女子の身長　　身長が，155 cm 以上，160 cm 以下である比率を求めましょう．平均は 157.4 cm，SD は 5.4 cm とします．Excel を使うのであれば，基準化も必要ありません．特定のセルで，

 =NORMDIST(160,157.4,5.4,true)-NORMDIST(155,157.4,5.4,true)

と入力し，Enter を押せば答えが見つかります．0.357 となります．基準化の必要がありません．

手計算の場合，標準正規分布表を使いますが，そのためには基準化が必要です．下限と上限を基準化すると，

$$\left(\frac{155 - 157.4}{5.4} \sim \frac{160 - 157.4}{5.4} \right) = (-0.444 \sim 0.481)$$

となります．以下，

$$(0.48) \text{ 以下の比率} - (-0.44) \text{ 以下の比率}$$

を求めます．p.96 の標準正規分布表を使えば，

$$0.6844 - 0.3300 = 0.3544$$

と求まります．（例 終わり）

❖ **コラム　知能指数**

　知能指数（IQ）は皆さんご存じですね．この IQ は，平均が 100，標準偏差が（ウェクスラー式では）15 の正規分布になっています．IQ テストの成績が，人工的に正規分布になるように調整されているのです．ですから，2 シグマ区間は，70 点から 130 点です．2 シグマの外が問題で，70 点以下の 2.3 ％ほどの人は知能障害があると判定されます．130 点以上の 2.3 ％は非常に優れているという判断になりますが，IQ の高さがすなわち社会活動において能力があることを保証するわけではありません．

例 4.3　成績の分布　　いわゆる「ゆとり教育」が導入される前，平成 10 年（「学習指導要領」第 6 次改訂）までの成績は相対評価で行われていたようです．受験者が多い場合，5 段階評定で 5，4，3，2，1 が各々全体の 7 ％，24 ％，38 ％，24 ％，7 ％の割合で割り振られていました．偏差値の分布が正規分布であるとすれば，この 5 段階評定による区分はどういった点数区分に対応するのでしょうか．Excel による計算は，評定 1 の 7 ％であれば

$$\text{=NORMINV(0.07,50,10)}$$

で，35.24 点と求まります．同様にして，31 ％は 45.04 点，69 ％は 54.96 点，93 ％は 64.76 点，となります．NORMINV は，比率，平均，標準偏差を与えて座標を求める関数です．

　相対評価は，比率を加味して，もともと偏差値の〜35 点が 1，35〜45 点が 2，45〜55 点が 3，55〜65 点が 4，それ以上が 5 と決まっていたのです．ですから，相対評価は正規分布に依存しています．35〜45 点が 2，45〜55 点が 3，55〜65 点が 4 といった区分は，偏差値が 10 点間隔になっていて簡単です．しかし，成績の分布が左右対称でない場合では，問題が起きることが予想できます．また，相対評価は学校内で処理をしますから，異なる学校間の難易度の差は成績に現れません．

　手計算では，p.96 の標準正規分布表を用いると，右裾の 31 パーセント点，7 パーセント点は各々ほぼ 0.495，1.48 となります．ですから，

$$50 - 1.48 \times 10 = 35.2$$
$$50 - 0.495 \times 10 = 45.05$$

などの計算により,同じ結果が求まります.(例 終わり)

●練習問題●

4.1 表 4.1 の正規密度（4 列目）を，Excel を用いて求めなさい．ただし，平均は 157.4，SD は 5.4 です．
〈ヒント〉 区間中点を 1 列に入力する．区間中点列の右で，各区間中点に対して，「=NORMDIST(区間中点, 157.4, 5.4, false)」と関数を指定し，Enter を押します．

4.2 表 4.1 の正規区間比率（5 列目）を用いて，平均，分散，歪度，尖度を計算しなさい．

4.3 横軸座標値として −3 から 3 を 0.1 刻みで 1 列に入力しなさい．この横軸座標値を区間中点として，右の列に標準正規密度を計算しなさい．
〈ヒント〉 図 4.8 の値を求めます．関数は，「=NORMDIST(区間中点, 0, 1, false)」を使います．

4.4 表 4.3 の 3 行目を Excel で求めなさい．平均は 163.7，SD は 7.06 とします．
〈ヒント〉 練習問題 4.3 と同じく，1 列に区間上限となる身長を入力します．次に，練習問題 4.3 のように次の列に関数「=NORMDIST(境界, 163.7, 7.06, true)」を入力します．false で高さ（密度），true で面積（累積正規分布）を計算できることが分かります．

4.5 練習問題 4.3 と同様に，横軸座標値として −3 から 3 を 0.1 刻みで 1 列に入力しなさい．これら座標値について，累積標準正規分布を求めなさい．
〈ヒント〉 次の列に関数「=NORMDIST(座標値, 0, 1, true)」を入力します．累積標準正規分布は「=NORMSDIST(座標値)」も使えますが，この関数には密度計算がありません．

4.5 補論――標準正規分布表

■ 正規密度関数

平均が A, 分散が B である正規分布の密度は, 座標値 x について

$$\frac{1}{\sqrt{2\pi B}} e^{-\frac{(x-A)^2}{2B}}$$

となります. e は自然対数の底と呼ばれる無理数（2.7182818…）のことです. $e^{-\frac{(x-A)^2}{2B}}$ は, e の $\frac{-(x-A)^2}{2B}$ 乗という意味です. ですから, 複雑ですがどのような x に対しても, A と B が決まれば密度が計算できます. 標準正規密度では, A が 0, B が 1 になります. 特定の座標値 c における累積正規分布は, この密度を, $x<c$ の範囲で積分した値です. 積分とは面積を求めるという意味です.

Excel の関数では, c における密度の計算は,

=NORMDIST(c, 平均, 標準偏差, false)

となります. ベル型曲線の高さです. c より左裾の面積（累積正規分布）は,

=NORMDIST(c, 平均, 標準偏差, true)

で求まります. 図 4.14 では, これが任意の c における高さになっています.

■ 標準正規分布表

負の無限大から座標値までの確率を与えます. 縦軸（1 列目）は小数第 1 位, 横軸（1 行目）は小数第 2 位です. −1.96 以下の確率を求めるのなら, 符号を代えて 1.96 以下を求めます. 1.9 の行と 0.06 の列を探し, その行と列の交点が 1.96 の位置で, 0.9750 となっています. 左右対称だから, −1.96 以下は 1.96 以上に等しく, 1−0.975 = 0.025 になります.

Excel だと「=NORMDIST(-1.96,0,1,true)」と入力します. 答えは 0.024998 となります. ［セルの書式設定］により, 小数点以下 16 桁まで表示することができます. 計算の有効桁数は 15 桁です. 比率を先に与えて, その比率をもたらす座標を求めるときは, 「=NORMINV(0.025,0,1)」とします. −1.95996 となります.

■ 標準正規分布表

負の無限大から x までの確率を与えます．座標値の小数第 1 位までは縦軸に，小数第 2 位は横軸に示されています．

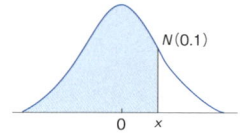

小数第 2 位

	0.00	0.01	0.02	0.03	0.04	0.05	0.06	0.07	0.08	0.09
0.0	0.5000	0.5040	0.5080	0.5120	0.5160	0.5199	0.5239	0.5279	0.5319	0.5359
0.1	0.5398	0.5438	0.5478	0.5517	0.5557	0.5596	0.5636	0.5675	0.5714	0.5753
0.2	0.5793	0.5832	0.5871	0.5910	0.5948	0.5987	0.6026	0.6064	0.6103	0.6141
0.3	0.6179	0.6217	0.6255	0.6293	0.6331	0.6368	0.6406	0.6443	0.6480	0.6517
0.4	0.6554	0.6591	0.6628	0.6664	0.6700	0.6736	0.6772	0.6808	0.6844	0.6879
0.5	0.6915	0.6950	0.6985	0.7019	0.7054	0.7088	0.7123	0.7157	0.7190	0.7224
0.6	0.7257	0.7291	0.7324	0.7357	0.7389	0.7422	0.7454	0.7486	0.7517	0.7549
0.7	0.7580	0.7612	0.7642	0.7673	0.7704	0.7734	0.7764	0.7794	0.7823	0.7852
0.8	0.7881	0.7910	0.7939	0.7967	0.7995	0.8023	0.8051	0.8078	0.8106	0.8133
0.9	0.8159	0.8186	0.8212	0.8238	0.8264	0.8289	0.8315	0.8340	0.8365	0.8389
1.0	0.8413	0.8438	0.8461	0.8485	0.8508	0.8531	0.8554	0.8577	0.8599	0.8621
1.1	0.8643	0.8665	0.8686	0.8708	0.8729	0.8749	0.8770	0.8790	0.8810	0.8830
1.2	0.8849	0.8869	0.8888	0.8907	0.8925	0.8944	0.8962	0.8980	0.8997	0.9015
1.3	0.9032	0.9049	0.9066	0.9082	0.9099	0.9115	0.9131	0.9147	0.9162	0.9177
1.4	0.9192	0.9207	0.9222	0.9236	0.9251	0.9265	0.9279	0.9292	0.9306	0.9319
1.5	0.9332	0.9345	0.9357	0.9370	0.9382	0.9394	0.9406	0.9418	0.9429	0.9441
1.6	0.9452	0.9463	0.9474	0.9484	0.9495	0.9505	0.9515	0.9525	0.9535	0.9545
1.7	0.9554	0.9564	0.9573	0.9582	0.9591	0.9599	0.9608	0.9616	0.9625	0.9633
1.8	0.9641	0.9649	0.9656	0.9664	0.9671	0.9678	0.9686	0.9693	0.9699	0.9706
1.9	0.9713	0.9719	0.9726	0.9732	0.9738	0.9744	0.9750	0.9756	0.9761	0.9767
2.0	0.9773	0.9778	0.9783	0.9788	0.9793	0.9798	0.9803	0.9808	0.9812	0.9817
2.1	0.9821	0.9826	0.9830	0.9834	0.9838	0.9842	0.9846	0.9850	0.9854	0.9857
2.2	0.9861	0.9864	0.9868	0.9871	0.9875	0.9878	0.9881	0.9884	0.9887	0.9890
2.3	0.9893	0.9896	0.9898	0.9901	0.9904	0.9906	0.9909	0.9911	0.9913	0.9916
2.4	0.9918	0.9920	0.9922	0.9925	0.9927	0.9929	0.9931	0.9932	0.9934	0.9936
2.5	0.9938	0.9940	0.9941	0.9943	0.9945	0.9946	0.9948	0.9949	0.9951	0.9952
2.6	0.9953	0.9955	0.9956	0.9957	0.9959	0.9960	0.9961	0.9962	0.9963	0.9964
2.7	0.9965	0.9966	0.9967	0.9968	0.9969	0.9970	0.9971	0.9972	0.9973	0.9974
2.8	0.9974	0.9975	0.9976	0.9977	0.9977	0.9978	0.9979	0.9979	0.9980	0.9981
2.9	0.9981	0.9982	0.9983	0.9983	0.9984	0.9984	0.9985	0.9985	0.9986	0.9986
3.0	0.9987	0.9987	0.9987	0.9988	0.9988	0.9989	0.9989	0.9989	0.9990	0.9990

第5章
ランダムな標本と平均

　ランダムな標本は，ランダムなサンプル（ランダム・サンプル）ともいいます．このカタカナ表記のほうが一般的かもしれません．いままで使っていたデータという用語は，第1章の最初でみたように数値の集まりを意味します．とくに自分でこれから集める数値の固まりではなく，すでに存在する数値の固まりというイメージを持っています．それに対して，ランダムな標本では，数値の固まりに含まれる値はまだ決まっていないと考えます．

　1.3節では，データに入っている数値の個数をデータの大きさと表現しましたが，標本に入る数値の個数は標本の大きさといったほうがよいでしょう．

　ランダム（random）は，バラバラを意味します．実験をするにしろ，人々の所得を調査するにしろ，対象は適度にバラバラでないといけません．所得調査の対象が，調査をする人の好みによって高いほうや低いほうに偏って選ばれると，ランダムな標本にはなりません．

　調査対象者の全体を母集団といいます．この母集団からバラバラに恣意なく選ばれた数値が，ランダムな標本です．母集団から標本を選び出すことを「標本を抽出する」といいます．母集団が決まれば後はバラバラに選ぶというのが，公平な抽出です．

　大学生の月々の所得を調べる例であれば，大学生の全体が母集団です．全体から一部をランダムに抽出して，標本を作ります．その標本にA君が含まれているとしましょう．A君にとっては，月々の所得はたとえば8万円と固定されていて，ランダムにはなりません．しかし，事前にはA君が抽出されるか否かは分からないわけで，抽出の仕方がランダムであれば，標本はランダムになります．

標本は調査対象の一部であり，昆虫採集の標本と意味は同じです．そのため，人間が相手の調査では，場合により標本という表現を避けることも必要でしょう．

ランダムな標本は日本語で無作為標本といいます．作為がないという意味です．無作為標本の反対の言葉は，偏った標本，作為標本，有為標本です．

偏った標本の例から分かりますが，公平な抽出をしないとデータに含まれる真実は分かりません．ランダムな標本であれば，母集団に関する真の性質が分かりうるというのが大数の法則です．

5.1 ランダムな標本のとり方

調査対象者が非常に多い場合では，ランダムな標本をとることは重要です．ある大学において，大学生の月々の所得をランダムな標本によって調査するとします．どうやればランダムな標本を作ることができるのでしょうか．答えはいろいろあります．在学生に学籍番号がついていれば簡単で，たとえば1000人の学生のうち100人を選んで調査するのであれば，学籍番号の10番から10人おきに選べばいいでしょう．選ばれる100人に偏りがあるとは考えられません．

● 5.1.1 乱 数

このような調査でも，繰返し行う場合は同じ人が選ばれると偏りが出るので，選び方に工夫が必要です．統計学では乱数を使って，文字通りバラバラに100人を選びます．乱数とは，サイコロを転がして出る目のようにバラバラな数値のことです．6人の中から1人を選ぶのであれば，サイコロを1度転がせば公平に1人を決めることができます．なぜなら，サイコロは正六面体で，1から6の整数が公平に出るようにできているからです．

1000人から100人だと，乱数サイコロ（乱数サイ）という特殊なサイコロで選ぶことができます．乱数サイコロは正二十面体で，20の面が公平に出るようにできています．また20の面に0から9までの整数が2面ずつ記入されていて，0から9までの整数が公平に $\frac{1}{10}$ の割合で出るようにできています．です

から，乱数サイコロを3回転がして，たとえば，6, 5, 0 と出れば 650 番を選びます．このような選出を 100 回繰り返します．乱数サイコロの 0 が 3 回，000 と出れば 1000 番を選び，同じ数が 2 度出た場合は無視します．

200 人の中から 20 人をランダムに選ぶ必要があるという例では，乱数サイコロであれば，3桁の乱数を

$$
\begin{array}{ccc}
6, & 9, & 4 \\
9, & 9, & 9 \\
2, & 4, & 7 \\
3, & 2, & 4 \\
1, & 8, & 1
\end{array}
$$

のように作っていき，200 以下の整数が出ると1人選出する，という手順になります．乱数サイコロは普通利用できませんが，今日では Excel でこのような乱数を自由に作ることができます．Excel の分析ツールに入っている「乱数発生」を使いましょう（5.5 節「補論」を参照してください）．

❖ **コラム　ひらがなを使った暗号**

　ひらがなは 46 字ですから，5 行 10 列の表にすべて埋めることができます．そこで，最初に 5 行 10 列の表にバラバラにひらがなを埋めます．次に，ひらがなではなく，行番号と列番号を使ってメッセージを送れば暗号になります．「あ」が 3 行 4 列にあれば，「あ」を「34」とするのです．もちろん，送り先も同じ表を持っていないと，文章には戻せません．

　暗号の解読とは，数字の列から表を作り直すことです．どの数字がどのくらいの頻度で出てくるか，どの数字の後に続く数字は何か，などといった調査から解読が進みます．第二次世界大戦中，日本の暗号は簡単だったために，かなり解読されていたそうです．山本五十六海軍大将が乗っていた軍機が迎撃に遭い撃墜されたのも，暗号が解読されていたためだといわれています．

　ひらがなの表はいじらず，行番に対して 1 から 5 までの乱数，列番に対して 0 から 9 までの乱数を組んで 2 桁の数を作り，ひらがなをランダムに選ぶとしましょう．9 列目をあ行の「あいうえお」とします（ひらがなでは縦に書かれても「あ行」といいます）．19 なら 1 行 9 列で「あ」，28 なら 2 行 8 列で「き」

というふうになります．この10から59までの2桁の乱数を17組並べる実験を数万回繰り返します．最後に，選ばれた17数字を逆にひらがなに戻します．このように乱数発生を繰り返すと，数万組の中の1つが17文字「しすけさやいわにしみいるせみのこえ」となっていたとしても不思議ではありません．「す」が「ず」であれば，これは松尾芭蕉の有名な俳句です．

●5.1.2 二 進 法

乱数サイコロより簡単なのは硬貨投げによって作る乱数です．硬貨を投げて表が出れば1，裏が出れば0とすると，1か0は平等に選べます．これを一般化したのが二進数による乱数です．<u>二進数</u>を使って乱数を作成する方法を説明しましょう．

二進法では，0と1を使って整数値を表現します．十進数の0は二進数の0，十進数の1は二進数の1，十進数の2は二進数の10です．十進数の3は二進数の11，十進数の4は100，十進数の5は101などと続いていきます．どのような十進数で表現された整数でも，二進法による表現に変えることができます．

十進法による整数の二進法表現は次の割り算を繰り返すことで簡単に求まります．十進数の200の例ですが，2で割り続け，あまりを記録します．

$$200 \div 2 = 100 \cdots 0$$
$$100 \div 2 = 50 \cdots 0$$
$$50 \div 2 = 25 \cdots 0$$
$$25 \div 2 = 12 \cdots 1$$
$$12 \div 2 = 6 \cdots 0$$
$$6 \div 2 = 3 \cdots 0$$
$$3 \div 2 = 1 \cdots 1$$
$$1 \div 2 = 0 \cdots 1$$

そうすると，200の二進数は，$\cdots$ の後のあまりを下から並べて，11001000となります．この二進数を十進数に戻すには，二進数の1が何桁目に出てくるかを数えます．最初の1は8桁目，2つ目の1は7桁目，3つ目の1は4桁目ですか

ら，これを使い

$$2^7 + 2^6 + 2^3 = 200$$

と計算して，もとの整数を探します．このような手続きは面倒ですが，Excelを使えば手計算の必要がありません．200の例では，二進数は「=dec2bin(200)」で11001000となります．逆に「=bin2dec(11001000)」で，十進数の200に戻ります．decはdecimal system（十進法），binはbinary system（二進法）を意味します．

二進法を使えば，ランダムな選択が簡単にできます．硬貨を投げて表が1，裏が0であると決めれば，硬貨投げによってランダムに二進数を選ぶことができるのです．たとえば学籍番号200番までから，20人選ぶ必要があるとしましょう．この場合は，200の二進数11001000以下の値を20個選べばいいのですから，これを硬貨投げで決めます．

硬貨を8回投げ，{表，裏，裏，表，裏，裏，裏，表}となれば，10010001を選びます．10010001は，逆変換「=bin2dec(10010001)」により，145番と分かります．また，{裏，表，裏，表，裏，表，裏，表}となれば，01010101を選びます．01010101は，逆変換「=bin2dec(0101010)」により，42番と分かります．

このようにして，11001000以下の値が20個選ばれるまで，この手続きを繰返し続けます．硬貨投げが面倒ですが，硬貨投げは，先にも書いたExcelによる乱数発生で済ませばよいでしょう（乱数発生の「ベルヌーイ」を使います．ただし，Excelでは十進数は511，二進数では9桁の111111111が二進数変換の上限になっています．一般的に十進数に変換するには，2の累乗を使って計算しないといけません）．

このように，二進法を使えば，硬貨投げによって1000人のうち100人選ぶといったランダムな選択ができます．硬貨を投げて表，裏を決めるのだから，どう考えても公平ではありませんか．

●5.1.3 偏った標本

偏った標本は，データが公平にバラバラにとられておらず，とり方に癖がある，あるいは仕組まれているといった意味を持ちます．2011年7月に世間を賑

わした九州電力によるやらせメール事件です．玄海原子力発電所（佐賀県玄海町）2, 3 号機の再稼働を巡りメールによる世論調査を行っていたところ，九州電力は，原発再稼働賛成のメールを送るよう関連会社に依頼し，おかげで再稼働賛成が過半数を超えたということです．典型的な仕組まれた標本ですが，やらせが発覚し世論は再稼働に厳しい反応を示しています．仕組まれた標本では，本当の賛否の比率はけっして分かりません．他にも偏った標本の例をみていきましょう．

例 5.1 大統領選挙の予測

有名な例として，1936 年に行われたアメリカ大統領選挙が知られています．当時，アメリカ最大の調査会社（Literary Digest, LD 社と略します）は，共和党のアルフレッド・ランドン候補が圧倒的な勝利を収めると予測しました．対立候補は民主党のフランクリン・ルーズベルトです．フランクリン・ルーズベルトは後に，大不況を解決するために行ったニューディール政策などで有名になった大統領です．

選挙予測では，LD 社は，自社の定期出版物の購読者，電話を所有している人，車を所有している人などを調査の対象として，当時の有権者の $\frac{1}{5}$ の 1000 万人に郵便葉書によるアンケート調査を実施しました．回答が得られたのは $\frac{1}{5}$ でした．その結果はランドン 129 万票，ルーズベルト 97 万票となり，ランドンの圧倒的な勝利を予測したのですが，この予測は誤りでした．正しい予測をしたのは比較的コストがかからない小規模なランダム標本を利用したライバル会社で，この会社は大きな名声を得ました．この会社が今日も世論調査で名を聞くギャラップ（Gallup）社です．

LD 社の調査は，1936 年に電話を持っている，車を持っているという条件から理解できるように，裕福な階層に偏っていたのです．日本の話になりますが，1960 年頃まで，筆者の家には電話も車もありませんでした．自社出版物の購読者というのも政治的な偏りを示すかもしれません．（例 終わり）

例 5.2 不動産屋さんの PR

2011 年 7 月 6 日に放映された NHK の番組「ためしてガッテン」で，大阪大学の近所のある不動産屋さんは，大阪大

学の受験生に入試の日からアパートを斡旋しているという話がありました．

「発表前に契約をした人の合格率は9割を超えます」という宣伝文句を使っており，もし入試に落ちたら無料でキャンセルでき，斡旋費用は不必要だということです．入試の合格率は3～4割ですから，このような商いをすると，不動産屋さんは空きアパートばかり抱えてしまって商売が大変ではないかと想像されます．

ところが，発表前に事前契約をする受験生に関しては，合格率が実際に9割を超えるそうです．一般の合格率が3割であるのに比べて，アパートを発表前に契約をした受験生の合格率は9割を超えるのですから，不思議です．また，誇大広告はなく，空き室が増え不動産屋さんの商売に支障がでることもありません．

不思議な現象に見えますが，これが偏った標本の例になっています．なぜなら，発表の前にアパートの契約をする受験生は，自主的な判断ですが，合格する自信がある受験生だからです．つまり，受験生が事前に契約をすれば合格率が9割になるのではなく，合格しそうな成績をとったと思っている受験生が事前契約をしているのです．

この宣伝は，仕組まれた標本ではなく，受験生の心理を掴んだ不動産屋さんの巧みな商いになっています．試験に自信がない人もどんどん契約するようになるとランダム標本になりますが，そうなると不動産屋さんは大変です（この例では，大阪大学工学部の狩野裕教授の資料を参考にしました）．（例 終わり）

例5.3 化粧品のアンケート調査

同番組によれば，偏った標本は商品の宣伝で多く使われるそうです．つまり，「お客様のアンケート調査の結果，95％の方々にご満足いただいております」といった類の広告です．

誇大広告の批判を避けるために会社は何らかのアンケート調査を行っており，それを根拠として宣伝に使っています．しかし，アンケートで顧客が選べる選択は，「満足」，「おおよそ満足」，「まったく不満足」の3つくらいしかないようです．そうすると，アンケートに答える顧客は「満足」，「おおよそ満足」の人と，「まったく不満足」の人だけになります．わざわざアンケートに「まったく不満足」と答える人は喧嘩でもしたい人だけでしょう．

したがって，回答者のほとんどが「満足」，「おおよそ満足」の人たちとなり，その結果，9割以上の顧客は満足しているという広告が生まれてきます．仕組まれた標本です．

数字のマジックもあるので，この例は詳しくみてみましょう．たとえば，「満足」，「おおよそ満足」と答える人が60％，「まったく不満足」の人が3％とします．3択以外の37％は除かれます．そうすると，「満足」，「おおよそ満足」という回答の比率は

$$\frac{0.60}{0.60+0.03} \fallingdotseq 0.95$$

となります．ここでのトリックは，「まったく不満足」が3％で非常に少ないということです．割合で計算すると理解が難しいかもしれませんが，500人中300人が「満足」，「おおよそ満足」，15人が「まったく不満足」と答えたとしても同じです．

もし，「まったく不満足」が1％だと，

$$\frac{0.20}{0.20+0.01} \fallingdotseq 0.95$$

という計算になりますから，「満足」，「おおよそ満足」が20％あれば，アンケート結果は95％の消費者の支持を得ていると書くことができます．

ここでの問題は，少々不満足，不満足といった印象を持つ消費者がアンケートから外されるように，標本が仕組まれているということです．こういった印象を持つ消費者がたとえば9％いたとしても，商品に「満足」，「おおよそ満足」する人は

$$\frac{0.20}{0.20+0.09+0.01} \fallingdotseq 0.67$$

ですから，67％に落ちます．（例 終わり）

5.2 大数の法則

ランダムな標本を使うことが調査の大前提です．ランダムな標本を使うと，標本から求まる平均はすばらしい性質を示します．平均によって，硬貨の表が

出る比率を求めてみましょう．

硬貨を繰返し投げる例を説明しますが，以下では，このような例を実験とよびます．硬貨投げの実験では，表が出る比率は平均になっています．表が出れば1点，裏が出れば0点とすれば，実験の合計点数は表が出る回数だから，平均点数は表が出る比率です．そして，1000回ほど硬貨を投げ表が出る比率を求めれば，大数の法則により，平均は真の比率に近い値になります．標本が大きければ，真の比率がだいたい分かるというのが大数の法則です．なんとなく直感に合致する法則ではないでしょうか．

難しいのは，新たに1000回投げ直すと，違う比率が求まることです．1000回投げるのも大変ですが，1000回投げを3回繰り返すと3回とも答えが違います．したがって，1000回投げの実験を繰り返しても，真の比率はやはり分かりません．1000回投げを100回繰り返してもやはり真の比率は分からないのです．

大数の法則は，投げる回数を増やしていくと，平均が，真の比率のたとえばプラス・マイナス0.1以内に入る割合が高くなるという性質です．逆にいえば，平均が，真の比率から0.1以上外れる割合が低くなる性質ということもできます．数学の法則ですから，どのくらい投げればどのくらいの割合で0.1以内になるか，あるいは0.1以上外れるかは分かりません．真の比率も分かりません．しかし，1000回投げを3度繰り返すと，真の比率は分からないにしろ，真の比率の予測は1000回投げ1度より確実になるのです．

❖ コラム　小学校の男女比

後述の例5.4でも述べますが，小さい町の1クラスしかない小学校での男女比率は，硬貨投げで表が出る比率と同じで $\frac{1}{2}$ から大きくはずれてもおかしくありません．市，県，国と集計単位が大きくなるにつれ，この比率は徐々に $\frac{1}{2}$ に近づきます．しかし，真の男女比率が求まることはありません．

実際に硬貨を投げてみるとどうなるでしょうか．表を1，裏を0として，表が出る比率（平均）を求める実験をしてみました．

● 5.2.1 実　験

【実験 1（25 回投げ）】

　表は 1，裏は 0 とし，硬貨を 25 回投げて平均を求めてみます．1 回目のランダムな標本は

$$\{1, 1, 1, 0, 1, 0, 0, 0, 0, 1, 1, 0, 0, 0, 0, 0, 0, 0, 1, 1, 1, 0, 1, 0, 0\}$$

となりました．標本の大きさは 25 です．25 回のうち 10 回は表ですから，平均は 0.4 でした．平均は，表の回数を 25 で割った値ですから，比率になっています．このように，標本が 1 組とれれば平均が 1 個計算できます．2 回目のランダムな標本は，

$$\{0, 0, 0, 0, 0, 1, 0, 0, 1, 0, 0, 1, 0, 0, 0, 0, 0, 0, 1, 0, 0, 1, 0, 0, 0\}$$

でした．表は 5 回で，平均は 0.2 です．この標本からも平均が 1 個計算できました．3 回目のランダムな標本は，

$$\{1, 0, 1, 1, 0, 1, 0, 1, 1, 1, 1, 0, 1, 1, 1, 1, 1, 0, 1, 1, 1, 0, 1, 0, 0\}$$

となり，表は 17 回で，平均は 0.68 でした．

　このようにランダムな標本をとり，平均を計算するという手続きを繰り返します．ランダムな標本が 1 組とれれば平均が 1 個計算できるだけだから大変ですが，25 回投げ実験を 500 回繰り返して，平均を 500 組求めました．平均の値を 500 個書き出しても意味がないので，結果を相対度数分布（区間の比率）として表 5.1 の 5 行目にまとめました．表の 2 行目は区間，3 行目は区間の中点です．

　25 回の硬貨投げから求まる平均は，0.15 から 0.85 までの比率をとることが分かります．区間中点が 0.5 である中央の区間には 29 %，その両側を入れた区間（0.35～0.65）には，ほぼ 88 % が含まれます．しかし，その左右の区間の比率も 0 ではありません．したがって，硬貨を 25 回投げただけでは表が出る真の比率を予想することは難しいようです．そこで，硬貨を投げる回数を 25 回から 100 回に増やしてみます．

第 5 章 ランダムな標本と平均　107

表 5.1　平均の相対度数分布（区間の比率）

区間と中点（区間は下限超〜上限以下．0.15 を .15 などと略した）						
.15〜.25	.25〜.35	.35〜.45	.45〜.55	.55〜.65	.65〜.75	.75〜.85
0.2	0.3	0.4	0.5	0.6	0.7	0.8
実験 1（25 回投げ）						
0.018	0.048	0.31	0.29	0.276	0.052	0.006
実験 2（100 回投げ）						
0	0.002	0.194	0.684	0.120	0	0
実験 3（1000 回投げ）						
0	0	0.002	0.996	0.002	0	0
実験 4（1 万回投げ）						
0	0	0	1.0	0	0	0

実験 1 は 25 回投げ，2 は 100 回，3 は 1000 回，4 は 1 万回．いずれも反復は 500 回．

【実験 2（100 回投げ）】

　硬貨を 100 回投げて平均を求めます．標本の大きさは 100，手順は実験 1 と同じです．表が出る比率は平均ですから，硬貨を投げる回数が 100 回に増えれば，大数の法則により真の比率から外れる比率が減るはずです．ランダムな標本は 100 個の値を含みますが，スペースをとるので実験 1 のように例は示しません（「補論」に，最初の標本と 500 個の平均の値をまとめてあります）．大変ですが，この実験も 500 回繰り返し，相対度数分布表を表 5.1 の 7 行目にまとめました（実際のところ硬貨をこれだけの回数投げるのは無理なので Excel を使って計算をしています）．表から分かるように，中央の区間（0.45〜0.55）に 68.4 %が集まります．その両側を入れた区間（0.35〜0.65）への集中は，ほぼ 100 %になります．したがって，真の比率は中央の区間に見つかりそうだという予想ができます．確かに，大数の法則が成立しているようです．

　100 回投げの実験を 500 回繰り返して，真の値は（0.35〜0.65）区間に入りそうだということは分かりましたが，区間幅が広すぎます．はたして真の値はいくらなのでしょうか．また，100 回投げの標本を 1 度しか求めなければ平均の値は 1 個しか得られず，その値から真の値を予測するのは危険ではないでしょうか．そこで，硬貨投げの回数を 1000 回に増やしてみます．

【実験 3（1000 回投げ）】

1000 回投げ実験をやってみました．手順は変わりません．やはり実験を 500 回繰り返し，相対度数分布表を表 5.1 の 9 行目にまとめました．中央の区間 (0.45〜0.55) から外れるのは 500 回のうち 2 回だけです．500 回のうち 498 回は (0.45〜0.55) 区間に入っています．真の比率は (0.45〜0.55) 区間に入るようです．1000 回投げ実験を 1 回しかしなくても，かなり真の値に近い結果になりそうです．

この区間も 0.1 の幅があるので，もう少し正確なことを知るために，硬貨を投げる回数を 1 万回に増やします．

【実験 4（1 万回投げ）】

1 万回投げ実験をやりました．手順は変わりません．やはり実験を 500 回繰り返し，相対度数分布表を表 5.1 の 11 行目にまとめました．中央の区間 (0.45〜0.55) から外れる値は 1 度も起きませんでした．真の比率はこの区間に入るようです．

【まとめ】

大数の法則に基づいて真の比率を探すには，硬貨を投げる回数が重要です．統計用語では，標本の大きさといいます．25 回では平均の値はばらついて，真の比率が (0.45〜0.55) 区間に入っているとは予想できません．1 回しか実験をしなければ，平均が真の比率から離れていてもおかしくないのです．実験 1 の 25 回投げでは，2 回目の実験のように 5 回しか表が出ないケースが 3 度起きています．5 回しか表が出なければ，平均は 0.2 です．したがって，投げる回数が少ないなら，平均を求めたからといって，平均が真の比率に近いとはいえません．

1000 回投げれば平均は真の比率にかなり近くなるようです．1000 回のうち 447 回表が最低，553 回表が最高でした．この 2 回を除けばすべて中央の区間 (0.45〜0.55) に入ります．真の比率はこの区間に入ると予想できます．

1 万回投げれば平均は真の比率にかなり近いと期待できます．平均はすべて中央の区間 (0.45〜0.55) に入ります．

このように，区間を (0.45〜0.55) に固定し，平均がこの区間から外れる割合を求めると，硬貨投げの回数が増えるほど外れる割合は減少します．1000 回

投げでは $\frac{2}{500}$ です．1万回では 0 です．区間から外れる割合はどんどん減っていき，大数の法則が確認できます．この区間に入る割合を基準に考えても，1万回では 100 % になり，結果は同じです．

図 5.1 は，実験 1 と実験 2 の結果を折れ線グラフにしてあります．縦軸は，比率になっています．折れ線からは区間幅は表現できませんが，区間の中点にマーカーをつけました．実験 4 は中央の棒で，0.45 から 0.55 の間にすべての平均が入ります．折れ線グラフから，標本が大きくなれば，この区間から外れる割合が減っていく現象が理解できるのではないでしょうか．

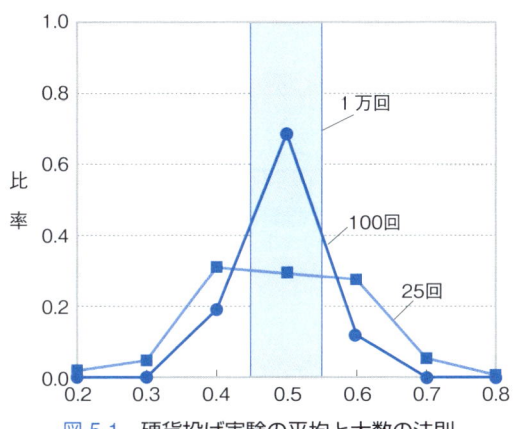

図 5.1 硬貨投げ実験の平均と大数の法則

● 5.2.2 再集計

ここまでの集計では，区間幅は 0.1 でした．1 万回の実験 4 から，真の値は (0.45〜0.55) 区間に入っているという予想ができます．そこで，同じ実験データの集計をやり直し，0.5 を挟む (0.49〜0.51) 区間を中心として，相対度数分布（区間の比率）を求めます．区間幅はわずかに 0.02 です．関心があるのは実験 4 ですが，大数の法則を理解するために，他の実験も合わせて結果を表 5.2 にまとめ直します．

実験 1 では，25 回しか投げていませんから，$\frac{12}{25}$ だと平均は 0.48，$\frac{13}{25}$ だと平

表 5.2　相対度数分布（区間の比率）の再集計

区　間	.45〜.47	.47〜.49	.49〜.51	.51〜.53	.53〜.55
中　点	0.46	0.48	0.5	0.52	0.54
実験 2	0.110	0.122	0.194	0.142	0.116
実験 3	0	0.280	0.484	0.236	0
実験 4	0	0.026	0.954	0.020	0
実験 5	0	0	1.0	0	0

実験 2 は 100 回，3 は 1000 回，4 は 1 万回，5 は 3 万回．反復数は 500．

均は 0.52 となり，平均の値は（0.48 超〜0.52 未満）区間に現れません．ですから，（0.49〜0.51）区間に入る値はなく，真の比率が 0.5 という予想は生じません．標本は小さく，かつ奇数だからこうなりました．実験 1 は，表 5.2 から省きました．

実験 2（100 回投げ）では，19.4 %が（0.49〜0.51）区間に入ります．この区間の比率がもっとも高くはなりますが，表 5.1 より 0.45 以下は 9 %，また 0.55 超も 12 %となり，かなり散らばりが大きいことが分かります．

実験 3（1000 回投げ）では，（0.49〜0.51）区間は 48.4 %となります．この区間の比率が高いので，実験 3 をもとにすれば，真の比率はこの区間にあると予測するでしょう．しかし，1000 回投げの実験を 1 度しただけでは，0.47 から 0.53 までの値が可能ですから，真の値が（0.49〜0.51）区間に入るとは予測できないでしょう．

実験 4（1 万回投げ）では，（0.49〜0.51）区間から外れる割合がわずか 4.6 %となり，真の比率は（0.49〜0.51）区間にあるという予想が生まれます．1 万回投げ実験を 1 度すれば，高い確率で平均の値は（0.49〜0.51）区間に入ります．

実験 5（3 万回投げ）　追加的に実験 5 を実行してみました．実験 5 は，3 万回の硬貨投げ実験を 500 回反復しますが，これが著者のパソコンで計算できる限界でした．硬貨投げを総計 1500 万回行ったことになります．実験 5 の結果では，すべての値は（0.49〜0.51）区間に入ります．

大数の法則は，（0.49〜0.51）区間に入る比率が増加することから確認できます．図 5.2 では，実験 2 から実験 4 の結果を折れ線で示してあります．各マーカーは区間の中点での棒の高さになっています．そして，実験 5 は棒で高さを示しますが，中央の区間に 500 個の値がすべて入ります．実験 2（100 回）では

中央区間への集中はあまり明確ではありません．それが，実験3（1000回），実験4（1万回）と進むにつれ，中央区間から外れる比率が減り，集中が高くなります．そして実験5で，100％中央区間に入ってしまいます．

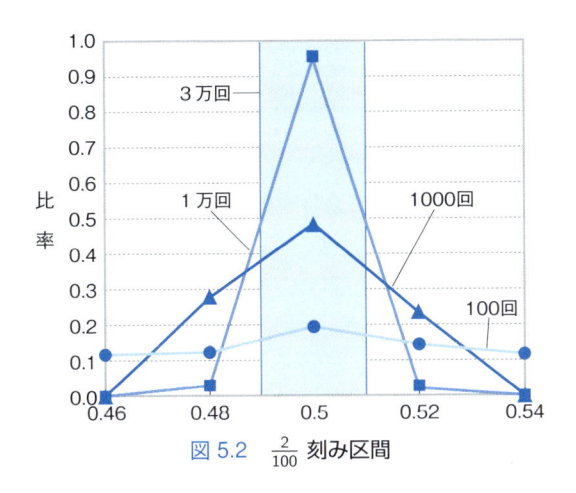

図 5.2　$\frac{2}{100}$ 刻み区間

しかし，実験から分かるように，標本が大きくないと，真の比率を予測することはできません．また，実験ができなければ，標本が大きいか小さいかも分からないのです．それにしても，標本が大きければ，間違った比率を予想することがないというのは素晴らしいことではありませんか．

❖ コラム　サイコロ転がし

大数の法則の性質は，ランダムな標本をもととした硬貨投げから以上のように確認できました．標本が大きければ，真の比率に近い値が求まります．そして，真の値が入っていそうな区間を決めることもできます．

硬貨投げと同様に，サイコロを転がす博打があります．奇数が出れば半，偶数の目が出れば丁といい，丁か半かを賭ける賭博です．一昔前には映画によく出てきましたが，最近はあまり見られなくなりました．この賭けはサイコロの目で半丁を判定しますが，賭けとしては硬貨投げとまったく同じ内容になっています．硬貨投げでは表と裏，サイコロでは偶数か奇数と言い方が異なるだけです．偶数が出る比率，奇数が出る比率などを実験で確認していけば，サイコロの性質が分かります．1万回くらい転がしてみて，偶数と奇数の比率がほぼ等しくなれば，サイコロは公正であると判断できます．イカサマ賭博では，サ

イコロの偶数と奇数の比率が等しくないことも分かるはずです．しかし，博打に使うサイコロを転がして結果を記録することなどは，実際には困難でしょう．

5.3　中心極限定理

　標本が大きければ，平均は真の値を見つける目的に大いに役立つことが分かりました．ただし，これは数学的な性質であり，標本がどのくらい大きくないといけないのかといった具体的な疑問に答えを見つけることは困難です．しかし，実験さえ繰り返せば真の値がおおよそ分かるのですから，大数の法則はやはり気持ちのよい定理ではないでしょうか．

　統計学で，大数の法則と並んで重要な定理は，中心極限定理です．両方とも標本が大きいときにだけ成立します．中心極限定理は，いままで見てきたような平均は，その分布を調べれば正規分布になっているという性質です．

　通常データは1つしかなく，そのデータから平均を計算しても1個しか値は得られません．ですから，平均の分布といっても何のことか分かりません．一方，標本実験の場合は，大数の法則と同様，実験を繰り返せば，数多く求まった平均の分布が正規分布になっているというのです．実験さえ繰り返せば，この性質を確認することができます．

　それだけではありません．大数の法則を確認するために行った実験結果を調べると，そこで計算した500個の値は整理すれば正規分布になっているのです．このことをみるために，いままで行ってきた実験結果を再び使います．中心極限定理が成立しているかどうかは，前章のように，データの分布と正規分布の比較をすれば分かるのです．

● 5.3.1　実験2の度数分布

　実験1は標本の大きさが25で，中心極限定理の内容を説明するためには標本が小さすぎます．実験2は標本の大きさが100なので，500個の平均の値から相対度数分布表を作り，正規分布と比較することができます．表5.3が実験

2の分布です．表5.2の区間は0.1刻みでしたが，この表では0.03刻みと細かくしています．分布の範囲は0.33です．4行目に相対度数分布を計算しました．区間の比率を求めただけです．そして，6行目に区間比率の累積値を計算しました．累積相対度数分布です．

表5.3 実験2（100回）における平均の分布

～区間上限（次の区間の下限．最初の区間の下限は 0.335）										
.365	.395	.425	.455	.485	.515	.545	.575	.605	.635	.665
相対度数分布（区間の比率）										
.004	.018	.056	.118	.164	.262	.190	.136	.034	.014	.004
累積相対度数分布（累積した区間比率）										
.004	.022	.078	.196	.360	.622	.812	.948	.982	.996	1
累積正規分布										
.004	.021	.073	.194	.392	.624	.817	.933	.981	.996	.999

小数は小数点以下のみ記しました．実験の平均は 0.4990，SD は 0.0509．

相対度数を積み重ねて求まる累積相対度数分布（6行目）と，区間の上限値において計算した累積正規分布（8行目）ですが，この2行の値がずいぶんよく似ています．相対度数と累積正規分布のプロットが図5.3です．

分布の比較から，実験2の500個の値は，かなり正規分布に近くなっている

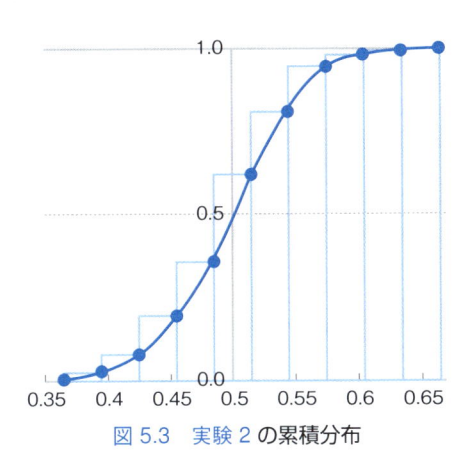

図5.3 実験2の累積分布

ことが分かります．曲線から外れているのは5つ目と8つ目の2区間だけのようです．この表5.3では，0.335から0.665までが分布の幅です．この0.33という幅も，次の表との比較で重要となります．

●5.3.2　実験5の度数分布

実験3や実験4は省略しましょう．表5.4は，実験5の結果です．表5.3と同様の度数分布表になっています．分布の範囲が $\frac{2}{100}$ しかありません．この狭い範囲に3万個の値が集中しています．

表5.4　実験5（3万回）における平均の分布

～区間上限（区間上限は次の区間の下限．第一区間の下限は0.491）										
.491	.493	.495	.497	.499	.501	.503	.505	.507	.509	.511
相対度数分布（区間の比率）										
なし	.008	.030	.134	.222	.270	.184	.106	.036	.010	0
累積相対度数分布（累積した区間比率）										
.0	.008	.038	.172	.394	.664	.848	.954	.990	1	なし
累積正規分布										
.001	.009	.047	.161	.380	.649	.857	.960	.993	.999	1.0

小数は小数点以下のみ記しました．実験の平均は0.4999，SDは0.0029．

●5.3.3　大数の法則の棒は正規密度

最後の図5.4では，図5.2の中央の棒を，0.491から0.511までの区間に立つ水色の長方形で示しています．ここでは，この棒は，0.02幅の区間が10区間に分割されているため，区間の割合が0.1の10本の棒であると理解できます．さらに，図5.4で描かれているのは，表5.4の4行目にある実験5の相対度数分布と，平均が0.4999，SDが0.0029の正規密度です．相対度数の棒は省略し，頂点に印だけをつけました．正規密度曲線は，縦軸が比率になっているので，区間中点における正規密度の値に区間幅を掛けて高さを調整しています．相対度数分布と正規密度が似ていることが分かるでしょう．

最後の2行は，データの分布と累積正規分布です．表5.3と比べると区間幅

が $\frac{1}{15}$ になっていますが，この 2 行の値が非常に近いことが分かります．実験から求まった累積相対度数分布と，累積正規分布の 2 行を比較した図は示しませんが，累積相対度数分布と正規分布にはほとんど差がありません．

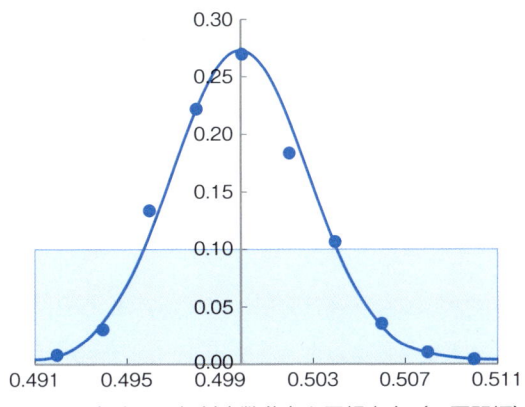

図 5.4 実験 5 の相対度数分布と正規密度（×区間幅）

実験 5 では，500 個の平均はすべて 0.49 から 0.51 に集中します．このことは，表 5.2 および図 5.2，とくに中央の棒で確認してきました．この中央の棒がある（0.49〜0.51）区間を細分して相対度数を求めると，相対度数分布は正規密度分布に似てきます．これが中心極限定理です．

実験回数を 500 回から増やせば，相対度数のデコボコがなくなって滑らかになります．図 5.2 の中央の 1 本の棒は，区間をさらに分割して集計し直すと正規密度分布になっているのです．

大数の法則により，標本が大きければ平均は狭い範囲に集中します．中心極限定理によれば，その狭い範囲の中で相対度数分布を作ってみると，中央の棒は正規分布になっています．相対度数は正規密度，累積相対度数は累積正規分布で近似できます．

可能であれば，標本を大きくし，分布範囲を $\frac{1}{1000}$ に狭めることができます．中心極限定理によれば，そのような狭い範囲においても，相対度数分布を作れば，中央の棒がほぼ正規密度分布になるのです．さらに標本を大きくし，分布範囲を $\frac{1}{10000}$ にしても，その範囲で同じ分布が出てきます．不思議ではありませんか．

5.4　集中の様子

中心極限定理によると，平均の分布は標本が大きければ正規分布になります．しかし，上の例から分かるように，標本の大きさにより分布の範囲が違ってきます．標本が大きくなると範囲は狭まりますが，この狭まり方に一般的なルールがあります．

●5.4.1　区間幅

分布範囲については，第2章で2シグマ区間，3シグマ区間を説明しました．2シグマも3シグマも標準偏差（SD）から決まります．第4章では正規分布について2シグマと3シグマがどうなるか学びましたが，3シグマ区間には99.7％が入ります．この正規分布の性質から，この章ではおおよそ3シグマ区間を作って，この区間について分布の性質を検討してきました．各実験では平均の値が500個あるのですから，500個の値の平均と500個の値のSDをもとに，分布範囲を決めました．各実験において利用した500個の値の平均，分散，SDを表5.5にまとめます．

表 5.5　500個の値の平均とSD（nは標本の大きさ）

	n	平均	分散	分散×n	SD
実験1	25	0.4928	0.0110	0.28	0.1050
実験2	100	0.4990	0.0026	0.26	0.0509
実験4	10000	0.4998	0.000025	0.25	0.0050
実験5	30000	0.4999	0.0000085	0.26	0.0029

500 個の値の平均は，標本が大きくなるほど 0.5 に近づきます．分散はどんどん減少していきます．しかし，分散の減少の仕方にルールがあるのです．5 列目で分散と標本の大きさの積を求めましたが，この積がほとんど一定になります．

　いままで行った実験からも分かるように，ランダムな標本から求まる平均は，さまざまな値をとります．つまり，平均は分布を持っています．そうすると，平均の分布には，その平均や分散があります．それを実験結果からみたのが表 5.5 です．これらは実験から求まる平均や分散ですが，他方で真の平均や分散があります．硬貨が表になる真の比率を p とすれば，真の平均は p，真の分散は，n を各実験の標本の大きさとして，

$$\frac{p \times (1-p)}{n}$$

となることが知られています（第 6 章で詳しく説明します）．真の分散と標本の大きさ n の積は $p(1-p)$ となり，この章の実験では 0.25 です．実験から求まった 500 個の値の平均や分散は，実験の反復回数 500 とは無関係な値になっています．

　2 シグマ範囲と 3 シグマ範囲は，分散の平方根である SD の 4 倍または 6 倍です．ですから 500 個の値の集中度合いは，$\sqrt{n}$ の逆数で決まっています．繰返し回数の 500 は，図 5.4 でいえば相対度数（○印）のデコボコだけに影響しています．

例 5.4　男女比率

男女比率は等しいという常識があります．しかし，小さな小学校などでは男女比率は等しくありません．小さな小学校の新入生が 50 人だったとします．そうすると男女は 25 人ずつに分かれるのが当然かもしれませんが，男子は 20 人，女子は 30 人といったふうに 10 ％くらいのずれが起きても不思議ではありません．しかし，学校全体が 500 人だとすると，全体で 10 ％のずれが起き，男子が 200 人，女子が 300 人になるといった現象はほとんど起きません．もちろんある市の子供全体でみてみると，男女比が 0.5 から 10 ％も外れることは絶対に起こりません．

　これは上で述べた分散を考慮すれば理解できます．性別は表が出る比率が 0.5

の硬貨のように決まります．小学校などにおける女子の割合は，硬貨でいえば表が出る比率に等しくなっています．ですから，女子の割合が 50 ％からずれる可能性も，標準偏差をもとにすれば理解できます．女子の割合の分散は，n を生徒数とすれば，p が $\frac{1}{2}$ ですから $\frac{1}{4n}$ となります．標準偏差（SD あるいはシグマ）はこの平方根です（正確には標準誤差 SE とよばれます（第 6 章参照））．

1 年生 50 人では，分散が $\frac{1}{200}$，SD は平方根

$$\sqrt{\frac{1}{4 \times 50}}$$

で 0.07，7 ％です．つまり 50 人のうち 3.5 人ですので，2 シグマは 7 人，3 シグマは 10 人です．このように考えれば，チェビシェフの不等式（第 2 章の 2.5 節「補論」）により，半分の 25 人から 5 人のずれは頻繁に起き，10 人のずれも起きうる現象となります．500 人の小学校で同様の計算をすると 0.02 となり，2 ％です．3 シグマでも 6 ％となりたかだか 250 人から 30 人くらいのずれしか起きないということが分かります．子供の数が 1 万だとどういう計算になるでしょうか．（例終わり）

●5.4.2 基 準 化

大数の法則により，500 個の値は平均を中心とする狭い範囲に集中することが分かりました．中心極限定理により，その狭い範囲をさらに細分して相対度数分布を作ると，この相対度数分布は正規密度で近似できることも分かりました．

分布の範囲は各実験の SD で決まってきますが，SD あるいは分散は標本の大きさによって減少します．そこで，実験で得る 500 個の値をすべて基準化すると，基準化された 500 個の値の分布はどうなるのでしょうか．基準化すれば，第 2 章で学んだように，基準化されたデータの 2 シグマ区間は（−2〜2），3 シグマ区間は（−3〜3）となります．

基準化されたデータに関する分布は改めて導く必要はありません．なぜなら，累積相対度数は，区間上限以下のデータの比率です．そして，

$$\text{データの値} < \text{区間上限}$$

ならば，基準化をしても不等式は維持されて，

$$\frac{データの値 - 平均}{\mathrm{SD}} < \frac{区間上限 - 平均}{\mathrm{SD}}$$

となるはずだからです．基準化により変わるのは区間上限だけで，区間比率は不変です．

表5.4について区間上限を上の式に従って基準化します．すると基準化された区間の上限は，表5.6のようになりました．この区間上限は，おおよそ標準正規分布の分布範囲に対応していることが分かります．

表 5.6　表 5.4 の区間上限の基準化

表 5.4 の区間上限									
.491	.493	.495	.497	.499	.501	.503	.505	.507	.509
基準化された表 5.4 の区間上限									
−3.12	−2.42	−1.73	−1.04	−0.35	0.35	1.04	1.73	2.42	3.12

この表から分かるように，表5.4の区間範囲は，標準正規分布でいうとほぼ3シグマ範囲になっています．表5.4の狭い分布範囲が，実は3シグマ範囲に他ならないのです．

以上の結果から，中心極限定理を要約します．中心極限定理は，標本が大きければ，基準化された平均の分布が標準正規分布になるという性質です．

基準化では500個の値から計算された平均 $\overline{X}$ と SD を使います．他方，この章の実験では表が出る確率は0.5と分かっているので，真の平均を $p=0.5$ として，

$$\frac{p(1-p)}{n}$$

から分散を求めることもあります．標本が1組あれば計算できます．実験を500回する必要もないので，こちらのほうが簡単です．これが第6章で説明される推定です．

●練習問題●

5.1 二進法を使い，10人のうち3人を選びなさい．ただし，10は1010です．

5.2 化粧品アンケート調査において，満足5％，おおよそ満足25％，普通30％，少々不満足15％，不満足5％，無回答20％だったとします．このアンケートにおいて，商品に満足していた人（満足，あるいはおおよそ満足）の比率を求めなさい．満足していた人の比率を75％に高めるには，どうすればよいでしょうか．

5.3 硬貨を25回投げて，平均を求めなさい．これを10回繰り返し，平均の度数分布（カウントの分布）を作りなさい．区間幅は（0〜0.33），（0.33〜0.67），（0.67〜1.0）とします．

5.4 （5.3の続き）10個の平均をクラス全体で集めると，どのような度数分布になるか，確認しなさい．

5.5 表5.4の座標値から，区間中点における正規密度を計算しなさい．また正規密度に区間幅を掛けて，相対度数（区間の比率）と比較しなさい．また，区間上限を使い，累積正規分布を確認しなさい（Excelの関数 =normdist(中点, 平均, SD, false)，および，=normdist(上限, 平均, SD, true) を使う）．

5.6 硬貨を投げるゲームにおいて，表を1，裏を0とします．硬貨をn回投げた平均を$\overline{X}$とします．このとき，標本から求まる分散が，$\overline{X}(1-\overline{X})$となることを示しなさい．

5.5　補論——Excel「乱数発生」

　Excelを使って乱数を作りますが，分析ツールの準備が必要です．第1章の1.5節「補論」を復習してください．最初に乱数サイコロと同じ結果を出す分析ツールの使い方を説明します．他の乱数を作る際は，一部修正して利用してください．

■ 乱数サイコロ

シートの2列に，サイコロの目と，その目が出る比率を入力して準備します．

1　A1からA10に，0から9の整数を入れます．
2　B1からB10に，0.1を入れます．

この指定は，0から9の値の割合を各々 $\frac{1}{10}$ とする，という意味を持ちます．分析ツールが利用可能であるとして，メニューの［データ］→メニューリボンの右端にある［データ分析］，とクリックしていきます．そして，「乱数発生」を選択します．乱数発生のダイアログ・ボックスが出てきたら，上から3個目のリストボックスで「離散」を選びます．

3　「変数の数」は，5.1.1の例では3桁の整数なので3です．
4　「乱数の数」は，20人選ぶのですが，200を超える値は捨てることになるので，一応100くらいにしておきます．
5　「値と確率の入力範囲」では，A1からB10を選択します．
6　出力先は，同じシートのG2セルにしておきましょう．

「OK」をクリックすると，最初の5個の結果は以下のようになりました（乱数なので，出力される数字は毎回違います）．J列で3列を3桁の数値に変えま

	G	H	I	J
2	0	8	9	=G2*100+H2*10+I2
3	5	6	3	563
4	8	4	8	848
5	4	2	3	423
6	0	6	5	65

す．J2 セルの値は 89 となります．フィルハンドルで J3 以下が求まります．

■ 二 進 数

Excel で 9 桁の二進数を選ぶためには，ベルヌーイ分布を使います．簡単化のため，9 桁は止めて 5 桁にします．分析ツールの「乱数発生」のダイアログ・ボックスで，「変数の数」を 5,「乱数の数」をたとえば 20, 表が出る確率「p 値」を 0.5 と入れます．ランダム・シードは適当な奇数を，出力先などは離散乱数と同じように入力します．あとは「OK」を押せば，5 個の 0 と 1 が 20 行にわたり求まります．下の表では，20 のうち 4 行だけを示しました．

	G	H	I	J	K	L
2	0	1	0	1	0	=bin2dec(G2&H2&I2&J2&K2)
3	0	1	1	1	1	15
4	1	1	1	0	0	28
5	0	1	0	0	0	8

L2 セルは，二進数を十進数に変える式です．5 桁の二進数ですから，5 個のセルを「&」でつないで，1 個の二進数に変えます．そして変換すれば，10 となります．以下，フィルハンドルで変換できます．

L2 セルは，2 の累乗を使った計算式「=G2*2^4+H2*2^3+I2*2^2+J2*2+K2」に代えることができます．こちらの方式なら，bin2dec 関数の限界はありません．

■ 硬貨投げ

これは，ベルヌーイ分布そのものです．実験 1 なら，「変数の数」を 25,「乱数の数」を 500, 表が出る確率「p 値」を 0.5 と入れます．ランダム・シード，出力先などは，離散乱数と同じです．あとは「OK」を押せば，25 個の 0 と 1 が 500 行にわたり求まります．26 列目で平均を「=average(25 個のセル範囲)」と計算すれば，最初の行の平均が求まります．あとは，フィルハンドルにより，500 個求めます．

■ 実験2の結果

実験がどのような結果になるか，もう少し詳しく説明します．実験2は100回投げです．そこでの最初の100回投げの結果は，表が1，裏が0として，次のようになっています．

$\{1, 1, 1, 0, 1, 0, 0, 0, 0, 1, 1, 0, 0, 0, 0, 0, 0, 0, 1, 1, 1, 0, 1, 0, 0,$
$0, 1, 0, 0, 1, 0, 0, 0, 1, 0, 0, 0, 1, 1, 1, 0, 0, 0, 1, 0, 0, 1, 0, 0, 1,$
$1, 1, 1, 0, 0, 1, 0, 1, 1, 1, 0, 0, 0, 0, 1, 1, 1, 1, 0, 1, 1, 1, 1, 0, 0,$
$0, 1, 0, 0, 1, 0, 1, 1, 0, 0, 1, 1, 0, 1, 1, 0, 0, 0, 1, 1, 0, 0, 1, 1, 1\}$

100回のうち47回が1ですから，表の比率は0.47です．実験2ではこのような100回投げが500回繰り返されています．したがって500個の比率が得られますが，それを小さい値から並べ直すと，次のようになりました．ただし，×は同じ値の繰返し回数です．

$\{0.35, 0.36, 0.37\times2, 0.38\times3, 0.39\times4, 0.4\times4, 0.41\times16, 0.42\times8, 0.43\times24, 0.44\times18,$
$0.45\times17, 0.46\times27, 0.47\times28, 0.48\times27, 0.49\times34, 0.5\times48, 0.51\times49, 0.52\times41, 0.53\times30,$
$0.54\times24, 0.55\times34, 0.56\times19, 0.57\times15, 0.58\times5, 0.59\times7, 0.6\times5, 0.61\times3, 0.62\times2,$
$0.63\times2, 0.65\times2\}$

第6章
母集団の推定

前章で述べたように，調査の対象全体を母集団とよびます．そして，母集団の性質を調べることが統計学の大きな目的です．母集団には，それを特徴づける値があります．それを母数といいます．

調査の対象が母集団であり，調査に使われるデータはこの母集団からランダムに抽出されます．ある商品に関するアンケート調査，電気製品の耐久テストなどは，この考えに基づいて行われます．第5章で繰返し説明した硬貨投げ実験と同じように理解しましょう．

前章では硬貨投げ実験を繰り返してきましたが，硬貨投げのゲームについて表が出る真の確率 p の値を決める方法を考えてみます．母集団は，1枚の硬貨です．そして硬貨を特徴づけるのは表が出る確率 p ですが，これが母数です．この章では母数 p は確率といいます．第5章では比率と表現しましたが，比率は実験結果の集計により求まる割合を意味すると理解してください．

母数を見つけるために繰返し硬貨を投げて出る面を調べますが，これは調査対象に関するアンケートと同じ意味を持ちます．硬貨では結果は1と0だけですが，アンケートでは設問はもっと複雑です．硬貨投げはもっとも単純な例です．そして，硬貨を何度も投げてランダムな標本をとることは，アンケートを数多く集めることに対応しています．

硬貨投げで未知な母数は表が出る確率 p だけです．母数は1個だけで，この母数が分かれば母集団のすべてが分かったことになります．1組のランダムな標本から平均を求めることが，この未知の母数を決めるための手段になっています．未知の母数の値を決めることを推定といいます．

6.1 硬貨投げ

母集団は母数によって性質が決まります．もっとも簡単な例が硬貨投げで，母集団は「表が出る確率 p」という母数を含みます．さらに，この確率が決まれば母集団の性質がすべて決まります．それならば，どうやってこの確率 p の値を決めればよいでしょうか．

1 回だけ硬貨を投げて，表が出れば表が出る確率は 1 であると考える──統計学を勉強する人にこのような愚かな判断をする人はいません．しかし，日常生活では 1 度の経験ですべてを決めることが多いようです．「あの町に行ったら傘を盗られた，あの町は泥棒ばかりだ」「あの町で道を聞いたら嘘を教えられた，あの町の人は嘘つきばかりだ」．こういった偏った話は巷に溢れていますが，これらは硬貨を 1 度投げて表が出れば，この硬貨は表しか出ないと判断することと同じです．

判断をできるだけ正確にするには，1 度の結果に依存せず，硬貨投げの回数を増やせばよいのです．つまり，標本をできるだけ大きくするのが望ましいわけで，それは，第 5 章で説明した大数の法則につながっています．

● 6.1.1 確率 p の推定

第 5 章の実験 2 に戻りましょう（実験 1 は標本の大きさが 25 のため，平均が 0.5 という値もとれないことはすでに述べました）．実験 2 は標本の大きさが 100 です．そして，実験を 500 回繰り返したのですが，1 回目の標本では，平均が 0.47 となっています．つまり，100 回投げたうち 47 回は表でした．第 5 章の補論に実験 2 の結果をまとめてあります．

根本にあるのは，硬貨投げ 100 回を繰り返せば比率が変わることです．ですから，実験を 500 回繰り返すと 500 個の値が求まります．そして第 5 章では，500 個の値の平均や分散を計算しました．

前章は実験なので 500 回繰り返すことができましたが，実際にはランダムな標本は 1 つしか得られません．1 回目の標本から，硬貨の表が出る真の確率は 0.47 であろうと予測します．100 回のうち 47 回表だったのですから，表の比率

（割合）は 0.47，だから硬貨の表が出る確率（母数）は 0.47 ではないかというのです．これが推定です．

表が出る比率は，1 つの標本に含まれる値の平均になっています．本章では，第 2 章で説明したような，データから計算される平均や分散を標本平均，標本分散とよびます．標本平均は，通常，$\overline{X}$ と表記されます．ですから，表が出る確率 p は，標本平均 $\overline{X}$ で推定することになります．

● 6.1.2 　1 つの標本

大きさが n のランダムな標本があり，確率 p をこのランダムな標本の標本平均 $\overline{X}$ で推定したとします．n 個の値をすべて足して，n で割った値です．

ランダムな標本が 1 つあると，1 個の標本平均 $\overline{X}$ が計算でき，確率 p の値をとりあえず推定することができます．統計学では，この推定がどのくらい信頼できるか考えます．そこで役に立つのが 2 シグマ区間です．

第 5 章では実験を 500 回繰り返し，平均の値が 500 個ありました．しかし，この章ではランダムな標本は 1 つしかないと考えていますから，$\overline{X}$ の値は 1 個しかありません．1 個の値からシグマを求めることは不可能のようですが，ここで役に立つのが，標本平均 $\overline{X}$ の母集団における性質です．

■ 標本平均の期待値と分散

母集団が定められているので，標本平均 $\overline{X}$ は母集団の制約の上でさまざまな値をとる可能性を持ちます．そして，その可能性があるすべての値の平均を，標本平均の期待値といいます．第 5 章のように現実に出てきた値から計算するのではなく，出る可能性がある値から計算しています．標本平均 $\overline{X}$ の母集団の中での真の平均のようなもので，その値は p になります．

$$\overline{X} \text{の期待値} = p$$

次に，標本分散と似ていますが，$(\overline{X} - p)^2$ の期待値（真の平均）を標本平均 $\overline{X}$ の分散といいます．標本平均の分散とは $(\overline{X} - p)^2$ が母集団の制約の下でとり得るすべての値の平均です．これは標本平均 $\overline{X}$ の分散を意味する記号 $V(\overline{X})$

を使って，

$$V(\overline{X}) = \frac{p \times (1-p)}{n}$$

となります（詳しくは 6.3 節「補論」を参照してください）．この式は，すでに第 5 章 5.4 節で使いました．この式を使えば，ランダムな標本が 1 つあれば標本平均の分散が計算できます．

たとえば標本の大きさ n が 100 と分かっていると，確率 p を推定値 0.47 で置き換えれば，標本平均 $\overline{X}$ の分散も値を決めることができます．これが，標本平均 $\overline{X}$ の分散の推定です．いまの例では，

$$\frac{p \times (1-p)}{n} = \frac{0.47 \times (1-0.47)}{100} = 0.00249 ≒ 0.0025$$

となります．

この計算ではトリックがあります．硬貨投げにおける 1 つのランダムな標本から標本分散を求めると，その値は，$\overline{X}(1-\overline{X})$ になっています（**練習問題**5.6 を参照）．ですから，上の式については

$$\frac{\text{標本の値から求まる標本分散}}{n} = \frac{\overline{X} \times (1-\overline{X})}{n}$$

となります．

第 5 章の表 5.5 を見てください．そこでは上の実験を 500 回繰り返しています．したがって，平均の値が 500 個あり，この 500 個の値から平均の標本分散を計算することができました．実験 2 の行を見ると，その値は 0.0026 となっていました．ここで求まる 0.0025 と大きな違いはありません．繰返しなしに，1 組の標本からほとんど同じ値が求まるのですから便利ではありませんか．

この章ではランダムな標本は 1 つしかありません．このようなときは，$\overline{X}$ の分散はこの公式で推定します．

データの値から計算した標本分散の平方根は，標準偏差（SD）とよばれていました．ここで求めた標本平均 $\overline{X}$ の分散の推定値はほぼ 0.0025 です．その平方根を，標準誤差（SE）とよびます．つまり，

$$\mathrm{SE} = 0.05$$

となります(第 2 章の「補論」で Excel の「基本統計量」の計算結果の表を示していますが,上から 2 つ目の値が標準誤差です.ただし,データから標本分散を求める際に,n ではなく $n-1$ で割っています.なお,この章で使う平方根の計算は,すべて Excel によります).

● 6.1.3 中心極限定理と信頼区間

確率 p を推定する考え方として,1 個の値を決めるのではなく,確率 p が入る区間を作ることがあります.

標本平均 $\overline{X}$ を基準化しましょう.ランダムな標本は 1 つしかなく標準誤差 SE を使って基準化すると,2 シグマ区間は

$$-2 < \frac{\overline{X} - p}{\mathrm{SE}} < 2$$

となります.平均は 0,分散は 1 です.この式を

$$-2 \times \mathrm{SE} < \overline{X} - p < 2 \times \mathrm{SE}$$

と整理します.

前章の実験では平均の値が 500 個あり,その 500 個の値の標本平均や標本分散を正規分布の平均や分散として使いました.ここでは,500 個の標本平均や標本分散といった値がないので,前項で説明した $\overline{X}$ の期待値と分散を正規分布の平均と分散に置き換えます.

前章の知識をここで利用しましょう.中心極限定理により,標本が大きければ,標本平均 $\overline{X}$ の分布は正規分布で近似できます.近似が正確ならば,上述の 2 シグマ区間には,$\overline{X}$ のすべての値のうち,ほぼ 95 % が含まれます.

しかしこの章では,ランダムな標本は 1 つしかありません.したがって $\overline{X}$ も 1 個しかないのです.ですから,もし何度もランダムな標本がとれるとしたら,全体の 95 % はこの区間に含まれると考えます.第 5 章であれば,500 個の値を調べてこのような 95 % 区間を作ることができますが,ランダムな標本 1 つから同様の区間を作ることが重要です.

■ 逆の考え

ランダムな標本について，$\overline{X}$ と SE はすでに値が分かっています．そこで，先の不等式を未知である p に関する式だと理解しましょう．式を p に関して整理すると

$$\overline{X} - 2 \times \mathrm{SE} < p < \overline{X} + 2 \times \mathrm{SE}$$

となります（不等式は，$-2 \times \mathrm{SE} < \overline{X} - p$ から右半分を導出し，次に $\overline{X} - p < 2 \times \mathrm{SE}$ から左半分を導出するという手順を使ってください）．

この未知である p についての不等式で導かれる範囲を，p の信頼区間とよびます．中心極限定理により，真の p は，95％の割合でこの区間に入ります．95％を信頼係数とよびます．

先の例では，2 シグマ区間の下限と上限は

$$(0.47 - 2 \times 0.05 \sim 0.47 + 2 \times 0.05)$$

となります．真の値は，95％の割合で，$(0.37 \sim 0.57)$ に入っています．しかし，ちょっと区間の幅が広すぎです．

■ より確実な信頼区間

この 95％信頼区間は幅が 0.2 あります．確率 p を推定する場合の区間としては広すぎて，役に立ちそうにありません．役に立たなくてもいいが，絶対確実な区間というのはあるのでしょうか．答えは簡単で，$(0 \sim 1)$ 区間です．p は確率ですから，必ずこの区間に入ります．しかし，信頼係数が 100％の信頼区間は，役には立ちません．

■ より狭い信頼区間

少し信頼区間の幅を狭くしたければ，90％信頼区間を使いましょう．標準正規分布の性質により，

$$-1.65 < \frac{\overline{X} - p}{\mathrm{SE}} < 1.65$$

ですから，区間の下限と上限は，2 が 1.65 に変わり，

$$(0.47 - 1.65 \times 0.05 \sim 0.47 + 1.65 \times 0.05)$$

となります．（0.388〜0.553）では，あまり狭くなりませんが，この区間に 90 %の割合で真の値が入ります．

　信頼係数を小さくすれば，区間幅が縮まります．これは当然ですが，期待するほど狭い区間にはならないようです．同様にして，信頼係数 50 %の信頼区間は，

$$-0.675 < \frac{\overline{X} - p}{\text{SE}} < 0.675$$

ですから，区間の下限と上限は

$$(0.47 - 0.675 \times 0.05 〜 0.47 + 0.675 \times 0.05)$$

つまり（0.436〜0.504）となり，狭くなります．この区間には五分五分で真の値が入ります．

　一番極端なのは信頼係数が 0 の区間でしょう．信頼係数が 0 なら区間は点になり，0.47 という値だけが残ります．

●6.1.4　信頼区間の幅と標本の大きさ

　信頼区間を狭める他の方法は，SE を小さくすることです．表 5.5 を見れば分かるように，SD は標本を大きくすれば減少しますが，この性質は SE も同様です．同じ関係は，$\overline{X}$ の分散式からも確認できます．比率は 0.47 ですが，標本の大きさが 3 万であったとすれば，標本平均の分散は，

$$\frac{p(1-p)}{n} = \frac{0.47(1-0.47)}{30000} = 0.0000083$$

となり，その平方根はほぼ 0.003 となります．95 %の信頼区間も，下限と上限は

$$(0.47 - 2 \times 0.003 〜 0.47 + 2 \times 0.003)$$

つまり（0.464〜0.476）となり，狭くなります．これが一番でしょうが，実際には標本の大きさは簡単には変えることができません（平方根の計算などは Excel を利用しています）．

6.2　正規分布についての推定

　前節では，母集団が硬貨である場合の統計分析を学びました．ここでは，第4章で学んだ正規分布を中心とした推定を説明します．

　正規分布は統計学における大黒柱です．さまざまな自然現象を詳しくみると正規分布になっているといわれます．第4章でみたのは高校生の身長で，身長は正規分布になります．また，ドイツの数学者ガウスは19世紀の初頭に，天体観測で生じる誤差の散らばり方として正規分布を考えたようです．ユーロが導入される前のドイツの10マルク紙幣には，ガウスの肖像と第4章「補論」で示した正規密度関数が描かれています．さらにガウスは，誤差の平均の分布が正規分布に近づくことを明らかにしました．それが中心極限定理です．第5章で説明した硬貨投げの平均の分布に関する中心極限定理は，ガウスが天体観測の経験の中で考案したのです．

　硬貨投げは1と0しか値が出ません．母集団の分布が硬貨投げのように単純なものでなくても，大きなランダムな標本から求められた平均は，基準化すればその分布は正規分布になります．

　ここでは母集団が正規分布である場合の推定を説明します．

●6.2.1　平均と分散の推定

　あるメーカーの同一種類の電池の寿命は，過去のデータから正規分布になることが分かっているとします．最近生産された電池が従来の製品と同じ性能を持つかどうかを調べるために，ランダムに電池を30個とってきました．

　電池の寿命といっても，電池を何に使うかによってまったく違う結果になるので，条件を同じにするため，特定の時計に電池を入れ何日間動くか計測します．簡単化のため，電池には普通の使い方では1年の寿命があるという宣伝文句があるとして，30個の電池について計測をしました．その結果が次のようになったとします．測定単位は日です．

{321.8, 364.9, 350.2, 335.3, 441.2, 385.0, 338.2, 353.6, 380.6, 396.7,

371.4, 343.4, 388.6, 371.8, 380.0, 349.7, 348.9, 367.5, 437.7, 381.3,

365.5, 386.8, 400.2, 393.2, 376.0, 401.2, 438.7, 337.3, 363.3, 343.7}

この標本から，平均と標準誤差 SE を計算しました．母集団が正規分布であろうがなかろうが，計算方法は同じです．筆者が Excel の基本統計量で計算したところ，おもな結果は表 6.1 のようになりました．平均は約 374 日になっていますから，寿命 1 年という売り文句は守られています．しかし，最小値は 322 日ですから，ちょっと問題ありです．検査に使った時計（使用条件）が悪かったのかもしれません．

表 6.1 電池の寿命（基本統計量）

平　均	373.8	分　散	928.9
標準誤差（SE）	5.56	最　小	321.8
中央値（メジアン）	371.6	最　大	441.2
標準偏差（SD）	30.48	n（標本の大きさ）	30

基本統計量により，ともかく平均と分散が計算できました（Excel による分散の計算で，自由度 29 が使われています．これは平方根である標準偏差と，それを n の平方根で割った標準誤差に影響します）．

硬貨投げと正規母集団の違いは，前者では母数は表が出る確率だけでした．平均により表が出る確率を推定すれば，分散を計算する必要がありません．正規母集団では，母数は平均と分散の 2 つです．そして，平均と分散が決まれば母集団が完全に決まります．

この例では，電池はすべて同じ電池です．ですから，電池 30 個はクローンで，母親電池が母集団とよばれていると考えればよいでしょう（Excel による分散の計算で，自由度 29 が使われています．これは平方根である標準偏差およびそれを n の平方根で割った標準誤差に影響します）．

●6.2.2 電池の寿命の和は正規分布

　平均と分散の推定は以上のように簡単です．平均に関する区間推定には，ランダムな標本から計算する標本平均 $\overline{X}$ の分布が正規分布であることを使います．標本平均には，硬貨投げと同じ記号 $\overline{X}$ を使いましょう．

　母数の記号も決めておいたほうが便利です．母集団の分布は平均（mean）が m，分散（variance）が v の正規分布であるとしておきます．重要なのは，母集団が正規分布であれば，標本平均 $\overline{X}$ の分布も正規分布になるということです．硬貨投げの例では，標本平均 $\overline{X}$ の分布は中心極限定理により正規分布になりますが，ここでは中心極限定理によらずに，厳密に正規分布になっています．

　これは正規分布の重要な性質の一つ「和の分布は正規分布」からきています．母集団を平均 m，分散 v の正規分布とします．標本には寿命がたとえば 30 個入っているのですが，そのうち寿命 1 と寿命 2 をとり出すと，寿命 1 も 2 も平均 m，分散 v の正規分布です．そうすると，

$$寿命1 + 寿命2$$

もやはり正規分布になるのです．これは当然ではありませんか（多数の電池の寿命を計測して集計すると，正規分布になります．次に，電池 2 個のペアを多数とってきて，各ペアの寿命の合計を調べると，やはり正規分布になっているという意味です）．ただし，期待値は $2m$，分散は $2v$ となります．次に 3 個の和

$$寿命1 + 寿命2 + 寿命3$$

の分布はどうなるでしょうか．これは，

$$(寿命1 + 寿命2) + 寿命3$$

と分けて考えれば，（寿命 1 + 寿命 2）はすでに正規分布であることが分かっていますから，やはり「和の分布は正規分布」という性質で片付くのです．あとは，期待値と分散を求めるだけです．

　期待値と分散は 6.3 節「補論」の方法で簡単に求められますが，重要なのは，和が正規分布になるという性質です．これは不思議な性質といえます．

男と女の身長は正規分布ですから，夫婦の身長の合計も正規分布になります．各科目の試験成績が正規分布なら，英，数，国の3科目の合計点も正規分布になります．

硬貨投げだと，硬貨1個では0と1しか出ません．そして表が出る確率をpといいました．ところが硬貨を2個投げると，その結果は，0, 1, 2の3種になり硬貨1個の分布と違ってきます．硬貨3個だとまた変わります．正規分布が母集団であれば，独立な（互いに影響を与えない）値はいくつ足しても，平均と分散は変化しますが，分布は不変なのです．

●6.2.3　未知の分散 v と区間推定

電池の寿命の和が正規分布なら，標本平均の分布はやはり正規分布になっています．そうすると，期待値と分散が求まれば，標本平均の分布は完全に分かります．

「補論」のような計算により，$\overline{X}$ の期待値と分散は

$$\overline{X}\text{の期待値} = m$$

$$\overline{X}\text{の分散} = \frac{\text{寿命の分散}}{n} = \frac{v}{n}$$

となり，硬貨投げと同じ形になります．「$\overline{X}$ の分散」の平方根は，標準誤差 SE です．この結果を使って $\overline{X}$ を基準化すれば，その分布は標準正規になります．標準正規分布の性質より，たとえば95％の区間は

$$-1.96 < \frac{\overline{X} - m}{\text{SE}} < 1.96$$

となります．標準正規分布から，1.96という座標値が出てきます．平均 m に関する95％の信頼区間を，この不等式から作りましょう．

$\overline{X}$ と n の数値は分かっていますが，「$\overline{X}$ の分散」$\frac{v}{n}$ の分子である未知の分散 v はどうすればよいでしょうか．未知の母数ですから，推定値に置き換えるのが当然でしょう．そこで，標本から標本分散を計算し分散 v の推定値とすると，基準化された平均 $\overline{X}$

$$t = \frac{\overline{X} - m}{\text{SE}}$$

において，未知数は m だけとなります．

　この分数は，t 統計量（簡単には，t 比）とよばれます．未知数は母数 m だけで，m の信頼区間を求めることができます．ここから先は，2 種類の処理が可能ですが，初めて統計を勉強する人は，次の説明を理解すれば十分ですから，6.2.4 項は飛ばして進んでください．

■ 母集団の分布が未知の場合

　6.2.4 項では，すべての電池の寿命は同じ分布を持ち，またその分布は正規分布であるという前提から，t 分布のパーセント点を求め，信頼区間を作ります．しかし，電池の寿命は正規分布という前提が怪しいときは，分数の分布として t 分布を利用せず，中心極限定理に基づいて標準正規分布を使います．そうすると，6.1.3 節と同じで 95％信頼区間は

$$-1.96 < \frac{373.8 - m}{5.56} < 1.96$$

より，左半分と右半分を別々に解いて

$$362.9 < m < 384.7$$

となります．

　自由度が非常に大きいときには t 分布のパーセント点は標準正規分布のパーセント点に一致します．中心極限定理を使うと，自由度が非常に大きい場合と同じ区間になります．

●6.2.4　t 分 布

　分数 t において，分母の SE も変動する値になっていることに注意しましょう．標本が変われば，$\overline{X}$ も SE も値が変わります．v は未知なので，これを標本分散で推定すると，SE も変動する値になってしまうのです．

　t の分布は標準正規ではなく，<u>自由度</u>が $n-1$ のステューデントの t 分布とよばれる分布に変わります．自由度は第 2 章の 2.5 節「補論」で説明しましたが，標本分散の計算において 2 乗を求める前の値は足すと 0 になります．第 2 章

「補論」の「自由度」のところにある 2 つ目の式を参照してください．それが理由で，$n-1$ が出てきます．

分布は，図 6.1 のように，標準正規分布のベル型よりすこし幅が広いベル型分布になります．なにしろ，分母に変動する量 SE が入るため，値が一層ばらつくのです．

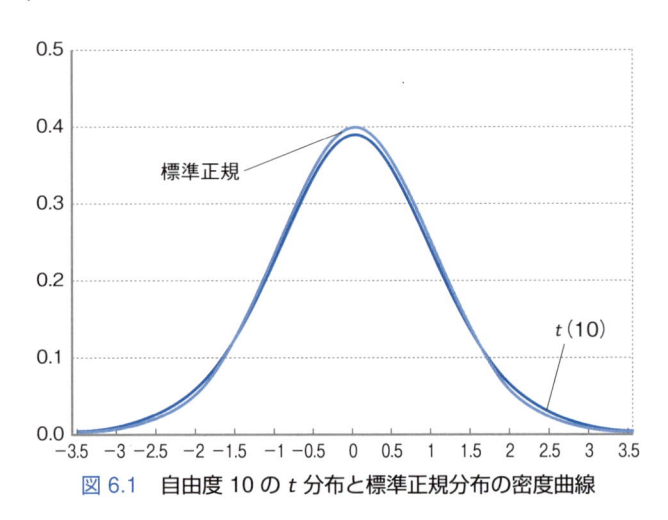

図 6.1　自由度 10 の t 分布と標準正規分布の密度曲線

分母が定数だと，t の定義でランダムな標本によって変動するのは $\overline{X}$ だけです．ところが分母に推定値が入ると，土台が揺れてしまい家屋はもっと揺れるのです．

自由度は土台に入っている鉄骨のようなもので，鉄骨が増えれば土台は安定してきます．自由度が大きくなると，標準正規分布との違いは少なくなり，増え続ければ標準正規分布に一致します．図 6.1 では，差が見やすいように，自由度が 10 の t 密度曲線と，標準正規密度曲線を描いてあります．

t 分布は自由度とともに変化します．ですから，分布表も自由度ごとに作らないといけません．そのような t 分布の分布表は，本書では使いません．

電池の例では，自由度は 29 です．その場合の 95 ％信頼区間を作るには，2.5 パーセント点の -2.05 と，97.5 パーセント点の 2.05 を求めます（Excel なら，

「=TINV(0.05,29)」が 2.05 になります．2.05 より右の面積は，0.025 になっています．0.025 ではなく倍の 0.05 を入れないといけません．NORMINV と指定の仕方が違うことに注意しましょう）．表 6.1 にある平均 373.8 と SE 5.56 を使えば，不等式

$$-2.05 < \frac{373.8 - m}{5.56} < 2.05$$

ができます．この不等式を m に関する不等式に変えれば信頼区間となります（この式の左半分を m に関する不等号に整理してください．同じく，右半分を m に関する不等号に整理してください）．結果は

$$362.4 < m < 385.2$$

となりました．区間の最小値は 365 日に欠けますが，全体としてはほぼ 365 日を満たします．

●練習問題●

6.1 標準正規分布を用いて,高3男子の95％信頼区間を求めなさい.さらに t 分布を用いて95％信頼区間を求めなさい.ただし,以下の表の数値を用いること.

平　均	169.4	分　散	40.13
標準誤差（SE）	1.16	最　小	158.6
中央値（メジアン）	169.0	最　大	183.4
標準偏差（SD）	6.34	n（標本の大きさ）	30

6.2 各寿命が独立な（互いに影響を与えない）平均 m,分散 v の正規分布であるとして,（寿命1＋寿命2＋寿命3）の期待値と分散を求めなさい.

6.3 2個の硬貨を投げたとき,表の数は,0,1,2になりますが,各値が出る確率を求めなさい（これを確率分布といいます）.同じく3個の和では,表の数は0,1,2,3になりますが,各値が出る確率を求めなさい.ただし,硬貨の表,裏が出る確率は $\frac{1}{2}$ とします.

6.4 男女の身長が正規分布であるとすると,夫婦の身長の合計の分布はどうなるでしょうか.ただし,夫と妻の身長は独立だとします（独立とは,自分の背が高ければ背の高い相手を選ぶといったような傾向がないとすること）.

6.3 補論——期待値

最初に，硬貨投げで「出る値」の平均と分散を計算します．これらは，「出た値」の平均と分散ではありません．「出た値」の平均と分散は第 2 章で説明してきた標本平均と標本分散ですが，ここで説明するのは「出る値」，あるいは「出る可能性がある値」の平均や分散です．

次に，標本から計算する平均，標本平均 $\overline{X}$ がとる可能性がある値の平均と分散を求めます．$\overline{X}$ の期待値が平均，$(\overline{X} - p)^2$ の期待値が分散です．ともに標本平均の性質ですが，推定および検定にとって重要な意味を持ちます．

■ 平均と分散

硬貨投げで表の出る比率は，n を標本の大きさとして，

$$\text{表の比率} = \frac{\text{表の回数}}{n}$$

と計算されます．標本平均は，出た値の平均です．出た値の平均は，表を 1，裏を 0 として

$$\text{出た値の平均} = 1 \times \text{表の比率} + 0 \times \text{裏の比率} = \text{表の比率}$$

と表現できます．

ここで，表が出る真の確率が p であるとして，出る可能性がある値の平均（出る値の平均）を求めましょう．「表の比率」を，母集団で定められた表が出る確率 p に代えれば，裏が出る母集団の確率は $(1-p)$ ですから，

$$\text{出る値の平均} = 1 \times p + 0 \times (1 - p) = p$$

となります．この平均を，硬貨投げで出る値の期待値ともいいます．1 が出る確率が p であれば，

$$\text{出る値の期待値} = 1 \times p + 0 \times (1 - p) = p$$

により，出る値の期待値は p になります．

「出る値」と表現しているところが重要です．このような期待値を計算するときには，硬貨の表裏は分かっていません．

次に分散を求めます．「出る値」の分散は

$$(出る値 - 出る値の期待値)^2 の期待値$$

と定義されます．「出る値の期待値」は p であることがすでに分かっています．他方，標本分散は，

$$標本分散 = (1 - 標本平均)^2 \times 表の比率 + (0 - 標本平均)^2 \times 裏の比率$$

と計算されます．ここでも，「表の比率」を「表が出る確率 p」，「標本平均」を「出る値の期待値 p」，「裏の比率」を「裏が出る確率 $(1-p)$」に代えると，

$$分散 = (出る値 - p)^2 の期待値$$
$$= (1-p)^2 \times p + (0-p)^2 \times (1-p) = p \times (1-p)$$

となります．「出る値」の分散はこのようにして求まります．

■ 期待値計算

出る可能性がある値の平均や分散を求める操作を，期待値計算といいます．「出る値の平均」を求める計算は，期待値記号を使うと，本文中の「出る値の平均」という言葉が E に代わるだけで，

$$E(出る値) = 1 \times p + 0 \times (1-p) = p$$

と書かれます．内容は同じで，1 が確率 p で出る，また 0 が確率 $(1-p)$ で出ることから計算が行われています．さらに分散は，

$$(出る値 - p)^2 の期待値$$

のことです．これは，期待値計算では

$$E\{(出る値 - p)^2\} = (1-p)^2 \times p + (0-p)^2 \times (1-p) = p(1-p)$$

と書かれます．$E(\cdot)$ は，期待値計算をするという宣言を意味する記号です．

分散は variance なので，

$$V(出る値)$$

と別の記号 V が当てられます．しかし，定義は

$$V(\text{出る値}) = E\{(\text{出る値} - p)^2\}$$

です．

●6.3.1　標本平均の性質

　第5章の実験では，硬貨を投げて得たランダムな標本から平均を求めました．それを500回繰り返したので，平均の値が500個ありました．次に，500個の値の平均と分散を計算しました．標本平均と標本分散です．その結果をまとめたのが表5.5でした．

　500個の値の標本平均は，Excelの分析ツール「乱数発生」を使う際に指定した「表が出る確率」に近い値になります．「表が出る確率」は，母集団で定められた確率 p のことです．他方，第5章で500個の値の標本分散は，ほぼ

$$\frac{p \times (1-p)}{n}$$

になると述べました．それでは，この2つの性質はどうやって導かれたのでしょうか．標本の大きさが2の簡単な場合について説明します．

　硬貨を2度投げて出る値を求めます．これは，同じ母集団から値を2個とってくることになります．同一母集団からのサンプリング（抽出）といわれます．統計学の本では，多くの場合，標本平均は上に横棒（バー）をつけて「$\overline{X}$」などと表現されます．そこで，標本の大きさが2個という簡単な例の標本平均を $\overline{X}$ で表現するとして，$\overline{X}$ の性質を分析します．

　標本平均は，出る値を足して2で割れば求まりますから

$$\overline{X} = \frac{\text{出る値}1 + \text{出る値}2}{2}$$

と定義されます．以下，$\overline{X}$ の期待値と分散を計算します．

■ $\overline{X}$ の期待値

　前式より，

$$E(\overline{X}) = \frac{E(\text{出る値}1) + E(\text{出る値}2)}{2}$$

となります．出る値の期待値は，母集団が同じなので，前節で学んだように p です．ですから，上の計算の結果は

$$E(\overline{X}) = p$$

となります．

　直感的には，表が出る割合 $\overline{X}$ と，硬貨の表が出る確率 p は結びついています．ですから，$\overline{X}$ で確率 p を推定することは筋が通っています．でも，これは正しいのでしょうか．この推定をサポートするのが，標本平均の期待値です．標本平均 $\overline{X}$ は，期待値が確率 p になっています．このことにより，確率 p を $\overline{X}$ によって推定することが正当化されます．$\overline{X}$ はいろいろな値をとる，しかし，いろいろな値の中心は母平均 p に他ならない．だから $\overline{X}$ により p を推定することは正当である，と考えているのです．

■ $\overline{X}$ の分散

　分散を求めます．すでに $\overline{X}$ の期待値は求まっていますから，分散の求め方に従い，

$$V(\overline{X}) = E\{(\overline{X} - p)^2\}$$

となります．この右辺を書き換えると，

$$\begin{aligned}
E\{(\overline{X} - p)^2\} &= E\left[\left(\frac{出る値1 + 出る値2}{2} - p\right)^2\right] \\
&= E\left[\left(\frac{出る値1 + 出る値2 - 2 \times p}{2}\right)^2\right] \\
&= \frac{1}{4} \times E\left\{[(出る値1 - p) + (出る値2 - p)]^2\right\}
\end{aligned}$$

となります．最初の式で $(-p)$ を分子に入れると $-2 \times p$ となりますが，それを $(出る値1 - p)$，$(出る値2 - p)$ と分けました．分数の $\frac{1}{2}$ は2乗して，前に出しています．次に2乗を展開して計算を続けると，

$$\begin{aligned}
= &\frac{1}{4} \times E\{(出る値1 - p)^2 + (出る値2 - p)^2 \\
&+ 2(出る値1 - p) \times (出る値2 - p)\}
\end{aligned}$$

となります．ここで，各項の期待値を求めれば計算は終わります．まず，E（出る値$1-p)^2$は前節の分散ですから$p(1-p)$です．E（出る値$2-p)^2$も同じです．問題は，最後の項ですが，出る値1と出る値2は互いに影響を与え合うことはありません．これを統計学では「出る値」は独立であるといいます．出る値1が1だと，出る値2は0でないといけないとか，0である可能性が高くなるというのであれば，独立とはいえません．しかし，硬貨投げではこのような出る値の間の影響は考えられないので，独立性が満たされています．そういった場合には，

$$E\{(出る値1-p) \times (出る値2-p)\} = E(出る値1-p) \times E(出る値2-p)$$

と分離して計算できます．この分解は，独立なら，積の期待値は期待値の積になる，と表現されます．そして，

$$E(出る値1-p) = E(出る値1) - p = p - p$$

ですから0になります．結局

$$E\{(\overline{X}-p)^2\} = \frac{出る値の分散}{2} = \frac{p(1-p)}{2}$$

と求まります．

■ 一般の場合

標本の大きさがnであれば，上の結果を拡張して，期待値は

$$E(\overline{X}) = \frac{p+p+\cdots+p}{n} = \frac{n \times p}{n} = p$$

となり，分散は

$$V(\overline{X}) = E\{(\overline{X}-p)^2\} = \frac{出る値の分散}{n} = \frac{p(1-p)}{n}$$

となります．第5章の5.4節で出てきた式です．

第7章
母集団を調べる

　未知の母数の値を決めることが推定です．統計学では，この推定とともに，母数の値の妥当性を調べる作業があります．硬貨投げの例では，常識的には硬貨の表が出る確率 p は 0.5 と予想されます．2 回に 1 度は表ということです．しかし，大きさが 100 の標本を求めると，表は 47 回でした．比率は 0.47 です（第 5 章の実験 2 で得た最初の標本から求めました．第 5 章の 5.5 節「補論」に実験 2 の結果がまとめてあるので，参考にしてください）．そうすると，この比率 0.47 は，予想される表が出る確率 0.5 と 0.03 の違いがあります．この差をどう判断すればよいのでしょうか．一つの考えは，「とにかく差がある，したがって，確率 p は 0.5 ではない」となります．他方，「差は無視できるほど小さい，だから，確率 0.5 は正しい」という考えもあります．この 2 つの判断のうちどちらが正しいのでしょうか．この疑問に答えるのが，検定です．

7.1　比率の検定

　検定では，調べたい数値を帰無仮説とよびます．ここでは表が出る確率ですが，公平な硬貨だという意味で，$p = 0.5$ が帰無仮説です．帰無仮説を H_0 と表記すれば，

$$H_0 : p = 0.5$$

となります．英語では null hypothesis と書かれますが，null とはゼロとか無という意味です．ここでは，帰無仮説は「正常な硬貨」という意味を持ちます．そ

して，この値が正しくないという考えを，対立仮説といいます．対立仮説は H_a と記されますが，

$$H_a : p \neq 0.5$$

となります．対立仮説は alternative hypothesis で，帰無仮説は成立しないという仮説です．ここでは，「おかしな硬貨」という意味になります．

硬貨投げでは，表が出る確率は 0.5 という常識がありますから，ここで大きさが 100 のランダムな標本を求めるのは，硬貨がちょっとおかしいという考えが出発点にあると思われます．しかし，調べた結果は常識通りであって，ランダムな標本をとった意味はない，調査努力が無に帰したというのが，帰無仮説です．逆に，帰無仮説が誤りで対立仮説が正しいと判断されたときは，検定は有意であったと表現されます．硬貨は本当におかしかったという意味です．このため，検定は有意性検定とよばれることもあります．

例7.1　宝くじでの不正

社会現象の統計をテーマにした読み物『ヤバい統計学』*に出ている話です．カナダのロトくじは，自分で6桁の数字を指定し，この番号が当たれば25万ドルの賞金が得られるそうです．一般の人の当たりくじの確率は $\frac{1}{1000万}$ だそうですからほとんど当たらないと言っていいでしょう．それはともかく，1999～2005 年間の売上総額 22 億ドルのうち，ロトくじの販売に携わる人たちがおおよそ $\frac{1}{100}$ を購入していると計算されました．とすると高額賞金も $\frac{1}{100}$ の割合で，販売に携わる人に当たっているはずです．この期間の高額賞金は 5713 本あったそうですから，$\frac{1}{100}$ の 60 本くらいは高額賞金を販売に携わる人が当てたと予想できます．ところが実際には，関係者が 200 本を超えて高額賞金に当たっていたことが分かったのです．怪しくありませんか．比率を計算すると

$$\frac{200}{5713} = 0.035$$

となります．$\frac{1}{100}$ であるべきなのに，$\frac{3.5}{100}$ となっています．ちょっと高いです

---

* カイザー・ファング（著），矢羽野薫（訳）『ヤバい統計学』阪急コミュニケーションズ，2011 年，p.235．原題は *"Numbers Rule Your World: The Hidden Influence of Probabilities and Statistics on Everything You Do"* です．

ね．高すぎはしませんか．高いとしたら，どのくらい高いのでしょうか．

こんなことを調べるのが検定です．調べても怪しいという結果が出てこないのが帰無仮説です．つまり，「当たる確率は $\frac{1}{100}$」が帰無仮説になります．逆に，怪しいという結論が対立仮説で，「当たる確率は $\frac{1}{100}$ より大」となります．対立仮説が正しければ，検定は有意といわれます．（例 終わり）

●7.1.1 検定の基本

帰無仮説か対立仮説かどちらの仮説が正しいかを判断しないといけないのですが，検定では帰無仮説を中心に扱います．標本から求まった値が，帰無仮説から遠いか近いかが問題になります．

標本から求まった比率 0.47 と，常識である帰無仮説 0.5 の差をどう理解するかを考えていきます．ここでは

$$0.47 - 0.5 = -0.03$$

が 0 と理解されるなら，帰無仮説が間違っていないことになります．これが 0 でないと判断されるなら，帰無仮説は棄却され，対立仮説が支持されます．この値が大きいか小さいかの判断には，標準誤差を考慮に入れないといけません．0 に近いかどうかは，分布のばらつき具合によって影響されるのです．簡単なのは，基準化した値をみることです．

大きさが n の標本から計算する標本平均を $\overline{X}$ とします．すでに述べたように，$\overline{X}$ の期待値は p です．$\overline{X}$ の分散は，

$$V(\overline{X}) = \frac{p(1-p)}{n}$$

であり，この平方根が SE（標準誤差）です（標本が 1 つしかないときは，標準偏差ではなくこの式を使います．前章（とくに「補論」）を参照してください）．したがって，基準化した $\overline{X}$ は，

$$z = \frac{\overline{X} - p}{\text{SE}}$$

となります．中心極限定理が応用できれば，この z の分布は標準正規分布です．

■ 帰無仮説下での分散の推定

帰無仮説が正しいとした上でこの z を評価します．分散の推定値は帰無仮説により

$$V(\overline{X}) = \frac{0.5 \times 0.5}{100}$$

となり，z の分母の SE は平方根で，0.05 となります．したがって，

$$z = \frac{0.47 - 0.5}{0.05} = -0.6$$

となります．

帰無仮説が正しいとすれば，z の分布は，中心極限定理により平均が 0，分散が 1 の標準正規分布で近似することができます．標準正規分布を見てみると，−0.6 は 0 からあまり離れていません．帰無仮説が正しいとしてもおかしくないので，検定では，帰無仮説は棄却できないと判断されます．

もしこの z の値が −2.5 とか +1.9 という値であるなら，帰無仮説は棄却されると判断されます．検定は有意になるといいます．

■ 対立仮説下での分散の推定

分散の推定で，計算した値 0.47 を使うこともできます．0.47 だと

$$V(\overline{X}) = \frac{0.47 \times 0.53}{100} = 0.00249$$

となりますが，その平方根を求めると，SE = 0.0499 となります．この値は 0.05 と変わりません．一般的にいって，計算した値 0.47 を使うのか，H_0 の値 0.5 を使うのかは，好みによって違うようです．

●7.1.2 棄却域

検定では，$\overline{X} - p$ ではなく，基準化された z が 0 に近いかどうかで，どちらの仮説が正しいかを判断します．また，0 に近ければ，「帰無仮説は棄却できない」という表現が使われます．0 から遠ければ，「帰無仮説は棄却される」といわれます．しかし，何を基準として近いとか遠いという判断をするのでしょうか．

■ 両側検定

z の値が 0 に近いか遠いかは，多くの場合，標準正規分布の左の裾，右の裾，両方合わせて 5 ％の領域に入るかどうかで判断します．図 7.1 の水色の領域を裾とよんでいます．山の裾野と理解してください．水色の領域に入れば，帰無仮説は棄却されます．つまり，0 から遠いということになります．水色の領域の境界値は，プラスとマイナスの 2（厳密には 1.96）です．水色の領域は，棄却域といわれます．面積が両方合わせて 0.05 ですから，5 ％の棄却域になります．棄却域が山の両側にあるので両側検定とよびます．

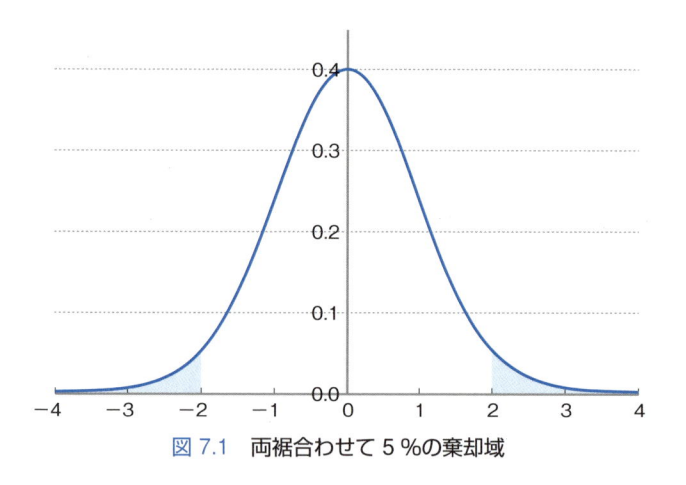

図 7.1 両裾合わせて 5 ％の棄却域

いまの例では，$z = -0.6$ は棄却域に入りません．したがって，帰無仮説は棄却されません．

中心極限定理により平均 $\overline{X}$ の分布は近似的に正規分布なので，z は標準正規分布になります．ですから，標準正規分布の曲線上，帰無仮説に近いか遠いかを判断する棄却域を作ります．この棄却域の大きさ（面積）が 0.05 であり，5 ％になっています．

いままで検定の説明は，5 ％の領域を棄却域とするという前提で進めてきましたが，標本が大きいときは，1 ％領域をとることもあります．プラスとマイナスの 2.58 が，境界値になります．

なぜ，原点から遠いところに棄却域を作るのでしょうか．説明は難しくなり

ますが，対立仮説によって棄却域の位置が決まります．対立仮説が，

$$H_a : p \neq 0.5$$

だとします．$p \neq 0.5$ だと「p が 0.5 でない」という意味になります．「p が 0.5 でない」というだけなら，0.5 を含まないどの範囲にでも棄却域をとればよいのでしょう．しかし，両側検定では，望ましい棄却域は，原点からもっとも遠い両裾であることが分かっています．

■ 片側検定

帰無仮説が同じでも，対立仮説が，

$$H_a : p > 0.5$$

となっていることがあります．帰無仮説では，表は公平に確率 0.5 で出るとされます．対立仮説は，これはおかしい硬貨で，表が裏より出やすいといいます．そのようないかさまがあるかないかは別として，対立仮説は，いかさま硬貨という仮説であり，帰無仮説は公平だという仮説です．このような場合は，棄却域はプラスの方向にだけとります．対立仮説の方向がプラスだからです．したがって，図 7.2 のように，5 %の検定では境界値は 1.65 にとり，それより右が棄却域になります．

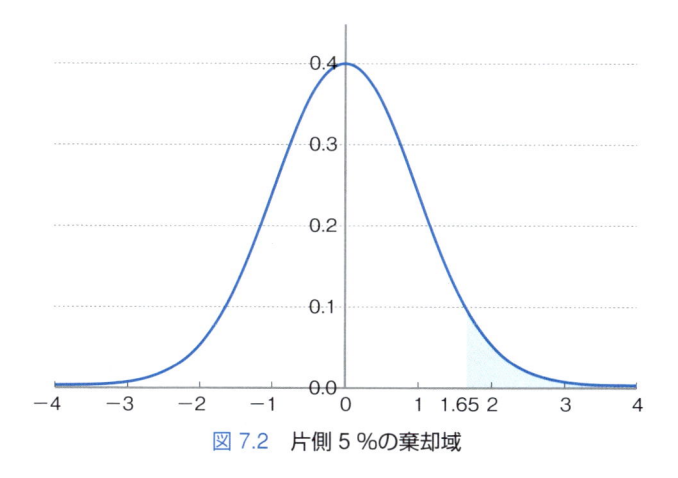

図 7.2 片側 5 %の棄却域

対立仮説が

$$H_a : p < 0.5$$

であれば，棄却域は -1.65 より左にとります．1％検定では，プラスとマイナスの 2.33 が境界値になります．

繰り返すと，棄却域は，対立仮説が示す方向の裾にとるのが望ましい検定になります．いまの例では，$z = -0.6$ は，片側検定でも棄却域に入りません．したがって，帰無仮説は棄却されません．

●7.1.3　P 値

検定の基本は，検定に先立って対立仮説と棄却域を設定した上で，z が棄却域に入るかどうかの判定をします．これは入る入らないというイエスノー判定です．

入った入らないのイエスノー判定ではなく，z 値の外側の面積を計算して，z 値がもたらす情報を把握しようという考えがあります．*z 値の外側の面積を P 値とよびます．*図 7.3 が示すように，z 値の外側の面積とは，z の値をプラスとして，（マイナス無限大～$(-z)$）区間と（z～プラス無限大）区間の両側の面積です．

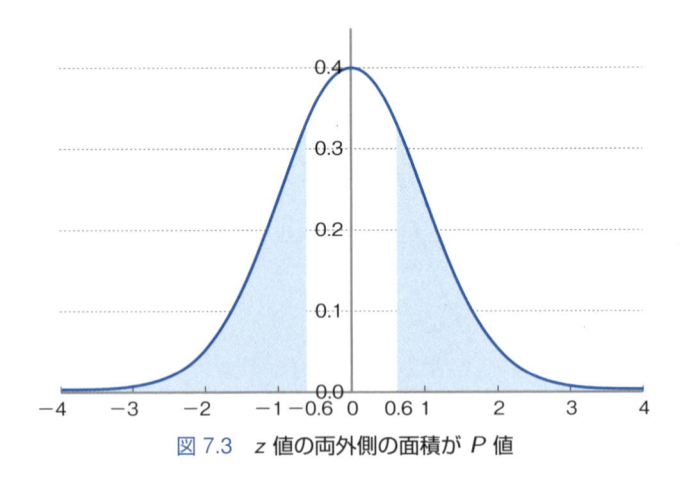

図 7.3　z 値の両外側の面積が P 値

z によって変化する両側の面積の和を，P 値といいます．両側なので，とくに両側 P 値ということもあります．反対に，片側 P 値も使われることがあります．いまの例では，両側 P 値は 0.55，片側 P 値は 0.275 ほどになります．

コンピュータによる計算機能が発達した今日では，どんな z の値についてもこの P 値をパソコンの表計算ソフトで計算できます．z 値の外側の面積が自動的に計算されるのです．その結果，この P 値を見て，値が 0.05 より小であれば，5％検定なら帰無仮説は棄却される，大であれば棄却されないと判断します．分布表を見ないですむので，普通はこの方法を使います．

伝統的な手法のように先に棄却域の大きさと決めて検定するのではなく，P 値を見てから判断をしているのが特色です．

例7.2 宝くじでの不正（続き）

例 7.1 のロトくじについてですが，販売店の人でも一般の人でも当たる確率は同じであるべきで，当たる回数は購入したロトの金額だけで決まるはずです．これが検定の帰無仮説になります．もし販売店の人が不正を行っているなら当たる確率は高くなります．『ヤバい統計学』では示されていませんが，帰無仮説は，当たる確率を p として金額比により

$$H_0 : p = \frac{1}{100}$$

対立仮説は，

$$H_a : p > \frac{1}{100}$$

となります．対立仮説は片側です．当たる確率が高いのは販売店関係者が不正を行っているからだ，というのが対立仮説の内容です．関係者が 200 本当たっていたとすると，5713 本のうちの 200 本なので，比率は 0.035 となります．0.035 ならあり得る値かと思うかもしれませんが，検定は次のようになります．まず分散の推定では

$$\frac{0.01 \times 0.99}{5713} = 1.7329 \times 10^{-6}$$

となります．その平方根は SE = 0.001316 と計算されるので，z は，

$$z = \frac{0.035 - 0.01}{0.001316} = 19.0$$

となります．片側1％検定だとすると境界値は2.33ですから，明らかに棄却域に入ります．したがって検定は有意で，販売店は不正を行っているという判断がくだされます．これがイエスノーで答える伝統的な検定の考え方です．ただし，どのくらいの不正かは伝統的な検定法では表現されません．

片側P値（標準正規分布で19より右の面積）は，$\frac{1}{10^{80}}$となります．これは極度に小さな確率ですから，販売店関係者の当たる割合が3.5％になるという現象は，統計学でいう「起こりえないこと」になります．これがP値に基づく考え方です．自然現象として起こりえないことが起きているわけで，ロトくじの販売店が不正を行っていることが明白に分かります．

この不正を発見したのは，カナダの統計学者ローゼンタールです（彼が計算したP値は$\frac{1}{10^{48}}$ですが，計算の詳細は分かりません．『ヤバい統計学』p.286）．くじの結果を調べてもらうために店にロトくじを持ってくる人がいますが，この，客が持ち込むロトくじの処理にカラクリがあったようです．詳しくは，前掲書をお読みください．（例 終わり）

7.2　2つの過誤

真の確率pに関する事前の知識があれば，その知識が定めるpの値と平均の値が近いかどうかを検定で確かめます．検定には，平均を基準化した値zが用いられることを学びました．zが0に近ければ，事前の知識，つまり帰無仮説は正しいと判断されます．zが0から遠ければ帰無仮説は誤っているという判断になります．近いか遠いかの判断は，図7.1の両裾5％域に入るかどうかで決まります．対立仮説の設定の仕方によっては，片側検定が有用です．片側検定では，図7.2の5％域が使われます．これらの領域が棄却域です．標本が大きければ，5％ではなく，1％領域をとります．

●7.2.1　第一種の過誤

棄却域の面積を，第一種の過誤の大きさといいます．第5章の500回の実験

では，正確に読めば分かりますが，真の確率 p は 0.5 と設定されてすべての計算が行われました．したがって，第 5 章の計算では，$\overline{X}$ がどのような値をとろうと，正しい確率は 0.5 だったのです．

第 5 章の実験 2 は，大きさが 100 の標本から平均を求めています．それを 500 回繰り返しているのです．ところが実験 2 でも，500 回のうちたとえば 0.4 以下の値が 15 回出ています．0.35 と 0.36 も 1 度ずつあります（第 5 章「補論」に実験 2 の結果がまとめてあります．参考にしてください）．p が 0.5 であっても，はずれた値が求まる可能性があります．

実際の調査などでは，標本は 1 度しかとれません．そこで大きさが 100 の標本を 1 度だけとって，平均が 0.35 になったとします．その場合，検定はどうなるでしょうか．z を計算すると

$$z = \frac{0.35 - 0.5}{0.05} = -3.0$$

となります．対立仮説は $H_a : p \neq 0.5$，かつ大きさが 5％の検定ならば，-3.0 は境界値 -1.96 より外側ですから，帰無仮説は棄却されます（SE＝0.05 は変わりません）．

繰り返しますが，この 0.35 は，真の確率 p を 0.5 として，Excel で求めた実験 2 の結果の一つなのです．つまり，確率 0.5 が真の値なのですが，標本によっては 0.5 から離れた 0.35 のような値が出現します．また，0.35 が出現すれば，帰無仮説 $p=0.5$ は誤って棄却されます．

帰無仮説が正しいにもかかわらず，帰無仮説を棄却するので，第一種の過誤とよびます．そして，ここでは，その大きさを 5％に設定しています．棄却域は，検定をする人がその位置と大きさを決めます．また，棄却域は，第一種の過誤をする領域と同じです．

■ $\overline{X}$ の境界値

基準化した z の境界値は -1.96 と $+1.96$ ですが，基準化の式

$$\frac{\overline{X} - 0.5}{0.05} = \pm 1.96$$

を解けば，$\overline{X}$ に関する境界値は 0.402, 0.598 となります．同じ値は，Excel の関数 NORMINV を使うと，「=NORMINV(0.025, 0.5, 0.05)」と，「=NORMINV(0.975, 0.5, 0.05)」により直接求めることができます．

この値を使うと，第 5 章の「補論」より，実験 2 では棄却域に入る値が次のようになりました．全体として 29 個あり，割合では 5.8 ％になっています．前もって決めた 5 ％には一致しませんが，これは実験がばらついた結果をもたらすこと，中心極限定理は近似的な性質であることに起因しています．

$$\{0.35,\ 0.36,\ 0.37 \times 2,\ 0.38 \times 3,\ 0.39 \times 4,\ 0.4 \times 4 < \mathbf{0.402},$$
$$\mathbf{0.598} < 0.6 \times 5,\ 0.61 \times 3,\ 0.62 \times 2,\ 0.63 \times 2,\ 0.65 \times 2\}$$

●7.2.2　第二種の過誤

第一種の過誤は，棄却域の面積と同義です．そしてこれは検定を行っている人，つまり自分が選びます．標本の大きさが 50 くらいなら，5 ％にすることが多いようです．棄却域の位置は帰無仮説の値からできるだけ遠くにとります．z が帰無仮説の値から遠い値であれば，帰無仮説を棄却するということです．標本が大きいときは，1 ％にします．

棄却域はなぜ他の位置にとらず，片側の裾，あるいは両側の裾にとるのでしょうか．それは，第二種の過誤という考え方に依存しています．第二種の過誤とは，対立仮説が正しいときに，帰無仮説をとるという誤った判断をすることです．第一種の過誤の正反対で，確率 p が 0.5 でないときに，誤って $p = 0.5$ と判断することです．

第二種の過誤を説明するために，帰無仮説と対立仮説を次のように設定しましょう．

$$H_0 : p = 0.5, \quad H_a : p = 0.6$$

帰無仮説は，硬貨は公平であるという意味になります．対立仮説は，表が 60 ％の割合で出る細工のされた硬貨という意味です．対立仮説は $H_0 : p = 0.5$ より右に位置しますから，検定は片側とし，棄却域は分布の右端の 5 ％とします．$\overline{X}$ に関する境界値を求めると，平均は 0.5，SD（標準偏差）は 0.05 の正規分布の 95 パーセント点ですから，Excel で直接求めると「=NORMINV(0.95, 0.5,

0.05)」より，0.5822 になります．この値が境界値，境界値より右の範囲が棄却域となり，帰無仮説が棄却されます．境界値 0.5822 は，図 7.4 では 2 つの水色領域の境目です．灰色領域は棄却域で，その面積は 0.05 です．

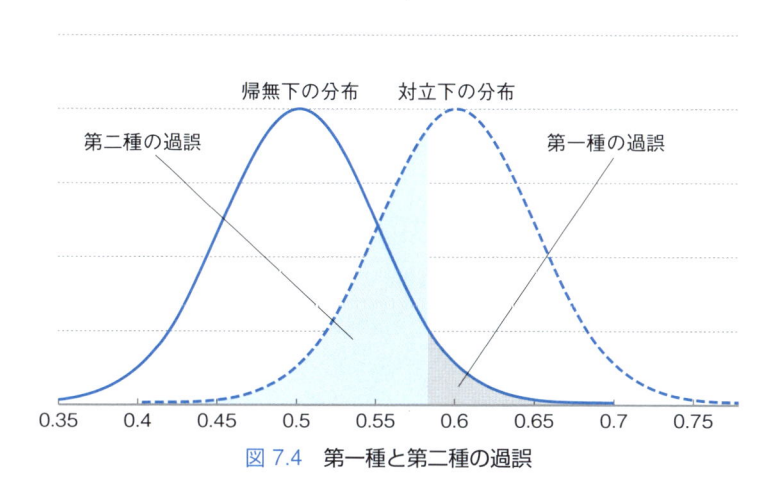

図 7.4　第一種と第二種の過誤

　仮説には帰無仮説と対立仮説の 2 つがあります．誤って帰無仮説を捨てること（＝対立仮説をとること）を第一種の過誤とよびます．逆に，誤って対立仮説を捨てること（＝帰無仮説をとること）を第二種の過誤とよびます．第一種の過誤の大きさは自分で決めます．第二種の過誤の大きさは，計算して求めます．

　図 7.4 では，0.5 を中心とする帰無仮説の下での $\overline{X}$ の分布（実線）と，0.6 を中心とする対立仮説の下での $\overline{X}$ の分布（点線）を描いてあります．帰無仮説が正しくても $\overline{X}$ はさまざまな値をとり，その分布は実線のようになります．同様に，対立仮説が正しくても $\overline{X}$ の分布は点線のようになり，帰無仮説の分布と一部は重なります．

　棄却域は灰色の領域ですが，自分で決めた 5 ％の割合を持ちます．第二種の過誤の領域は水色です．対立仮説が正しいのに，誤って帰無仮説をとる領域です．

　2 つの過誤は小さいことが望ましいのですが，図 7.4 から分かるように，境

界値を右に動かすと,第一種の過誤は減りますが,第二種の過誤が増えてきます.境界値を左に動かしたときは,第一種の過誤が増え,逆に第二種の過誤が減ってきます.このように,**2つの過誤は互いに相反する関係**にあります.

■ 第二種の過誤の計算

第二種の過誤の面積を評価しましょう.まず対立仮説の下での $\overline{X}$ の期待値は 0.6,次に分散ですが,

$$V(\overline{X}) = \frac{0.4 \times 0.6}{100} = 0.0024$$

となり,平方根を求めれば SE は 0.049 です.第二種の過誤の面積は,平均が 0.6,SD が 0.049 の正規分布において,境界値 0.5822 より左の領域の確率です.Excel では「=NORMDIST(0.5822, 0.6, 0.049, true)」より,答えは 0.36 と求まります.図 7.4 の点線で描いた正規分布の,0.5822 より左の水色領域の面積が 0.36 です.

第二種の過誤は,対立仮説が正しいのに間違って帰無仮説をとる割合です.この比率をできるだけ小さくすることが望ましいのは当然です.

●7.2.3 ドーピング

第一種と第二種の過誤の理解を助けるために,ドーピングの判定に伴う過誤を説明しましょう.

スポーツ界にはびこるドーピング問題をご存じでしょう.スポーツ選手が競技でよい成績を出すために筋肉増強剤などの薬を飲む問題です.選手はドーピングをしてでもよい成績を残し,それに対する金銭的な報酬を得ようとします.プロであれば成績は直接年俸に反映されます.アマチュアであってもコマーシャル出演料,あるいは競技会への出場料など,さまざまな収入があるようです.他方,ドーピングには検査があり,製薬会社は検査で見つからない新しい薬を作って選手に提供し,また検査機関は新しい薬の使用を検出するために新しい検査技術を生み出しているようです.このあたり,『ヤバい統計学』(前掲)に詳しく書かれていますが,このドーピング検査は第一種と第二種の過誤を含んでいます.

たとえば，ある薬は赤血球を増やす造血効果を持ちます．これは通常の血液検査でも調べているヘマトクリット値（H 値）で調べることができます．自分のヘマトクリット値がいくつか，血液検査の結果から見つけてください．男性の値は 40〜50 % くらいだそうですが，高地で生活する人たちは酸素が薄い生活環境に馴染んでいるために H 値が高くなるといわれます．高くなると血液中の赤血球濃度が高まり酸素効率がよくなって，スポーツ選手なら耐久力が増加するという効果が生まれます．マラソン選手が高地トレーニングをするのは H 値を高めることが目的です．ところが前掲書によると，長距離を長時間走るツール・ド・フランスなどの自転車競技の選手の一部は薬で H 値を高めているというのです．

■ 誤ったクロ判定とシロ判定

H 値の検査によってドーピングの違反者を見つけ出す例は，統計学における検定になっています．帰無仮説は健常者，対立仮説は違反者です．検査による H 値の分布が図 7.5 のようになったとして説明をしましょう．

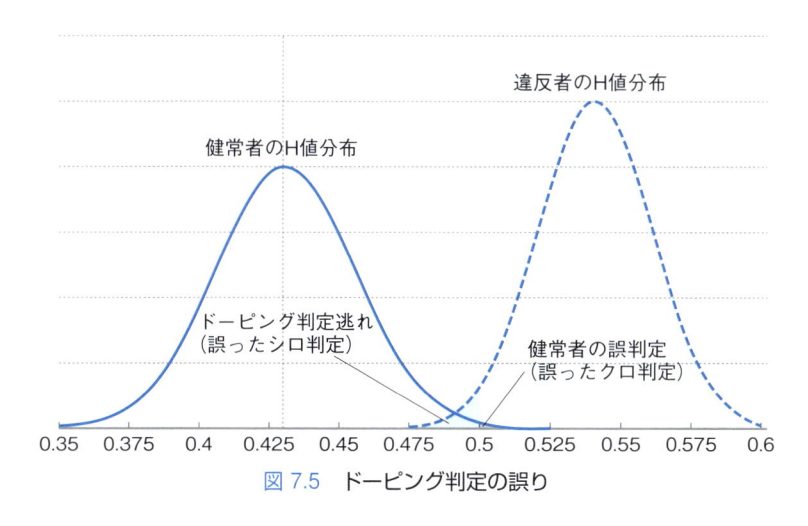

図 7.5　ドーピング判定の誤り

左の実線は，健常な男性選手の H 値の分布とします．平均は 43 %，SD は 2.5 % としました．ドーピングをする悪質な選手の H 値は平均が 54 %，SD は 2

％の分布とします（右の破線）．高い H 値が出るように薬を飲んでいるのですから分布が右に動くのは当然です．

　ドーピングの判定には別の検査が必要ですが，ここでは簡単に H 値 50 ％を境界値として，ドーピングの判定をするとしましょう．50 ％以下なら陰性で無罪放免，以上なら陽性で罰を受けるという判定です．

　健常者の実線分布を見てください．問題は 0.5 より右の（細い）灰色の領域です．この領域の人たちは，ドーピングをしていないのですが陽性となります．健常者なのに違反者と同じ判定をされますから，第一種の過誤となります．高地トレーニングや高地で生活していた人，赤血球が多いという特性を持つ無実の人が陽性となってしまうのですから，明らかに誤りです．

　次に違反者の分布ですが，点線の分布を見ればほとんどが 0.5 より右にありますから，違反者はだいたい見つかります．しかし，横軸 0.5 より左の水色の領域を見てください．この領域はドーピングをして H 値を高めているが，H 値が 50 ％以下の違反者を示しています．違反だが，ドーピングの効果がほどほどなので陰性になる人たちです．検査の網から漏れる人たちで，これが第二種の過誤になっています．

　『ヤバい統計学』（p.278）では，第一種の過誤は「間違ったクロ判定」「シロをクロとする判定」，第二種の過誤は「間違ったシロ判定」「クロをシロとする判定」と表現されています．よく分かりますね．第一種と第二種の過誤という用語は「役に立たない名前」だそうです．

■ 相反する 2 つの過誤

　ドーピング検査と検定が違うのは，境界値の 0.5 が恣意的に決められている点です．健常者の H 値分布は平均が 0.43，SD が 0.025 の正規分布としていますから，0.5 は 99.75 パーセント点になり，棄却域の大きさは 0.25 ％です．北京オリンピックに参加した選手は 1 万 1000 人ですが，健常な競技者が 1 万人いれば，第一種の過誤の犠牲者は 25 人出ます．同様に違反者の分布は平均が 0.54，SD が 0.02 ですから，0.5 は 2.3 ％点になっています．第二種の過誤は 2.3 ％です．違反者が 1000 人いると 977 人は違反と判断され，23 人は検査漏れとなります．

　調査機関は第一種の過誤（誤ったクロ判定）が怖いために，怪しいというだ

けでは選手を競技界から追放できません．1996年のツール・ド・フランスで劇的な勝利を収めた英雄ビャルヌ・リース，女子陸上競技のスターだったマリオン・ジョーンズは，ドーピングの疑いを持たれながら競技を続け，最終的にはやはり自らドーピングを告白しスポーツ界から葬られています（『ヤバい統計学』p.176）．告白がなければ制裁もないわけで，大リーグのホームランバッターたちも，同僚による告発にもかかわらず，かたくなにドーピングを否定し続けるということです．

　第一種と第二種の過誤の両方とも減らすことができれば素晴らしいのですが，残念ながら2つの過誤は相反しています．境界値を大きくすれば，第一種の過誤を減らしてシロをクロとする誤判定の犠牲者を減らせるのですが，第二種の過誤が増えます．クロをシロとする誤った陰性反応が増大するのです．逆に，誤った陰性反応を減らそうとして境界値を小さくすれば，シロをクロとする誤った陽性反応が増えてしまいます．

7.3　比率の比較

　7.1節では，ランダムな標本が1つあった場合に，その標本から計算される比率が，期待される値かどうかを検定する方法を説明しました．ここでは，ランダムな標本が2つあり，各々から計算される比率が同じかどうかを検定する方法を説明します．

　新薬や新治療法の効果を調べるために，二重盲検法という検査法が使われます．治療を受ける人，被治験者を2グループに分けます．そして2グループ間で治療の有効率を比較して，実際に効果があったかどうかを検定します．ヒルの1948年の例では，107人の結核患者を55人と52人に分けて，抗生物質ストレプトマイシン（ストマイ）の効果を調べています（以下『統計学辞典』*によります）．

　第1グループにはストマイが投与されました．第2グループは実際はストマ

---

* 竹内啓（編）『統計学辞典』東洋経済新報社，1989年．

イは投与されず，安静療養のみが行われました．ただし，患者には治療が異なっていることは知らされていません．そのため第2グループでも，ストマイと同じ色の薬が調合されました．このような偽薬をプラセボ（placebo）とよびます．プラセボとして，しばしば単なるビタミン剤や胃腸薬などが処方されているようです．

半年の後，3人の医者が独立に患者を診察し，治療の効果を判定しました．医者も他の医者の意見に左右されたり，実験に対する期待により診断が偏ることがあります．このような観察者バイアス（偏り）を避けるために，複数の医者は互いの診断を知らずに独自に診断しないといけません．

診断の際，医者たちには，各患者がどちらのグループに属しているかは知らされません．患者も自分たちが2種類の治療のどちらを受けていることかを知らされていないので，二重盲検法（double blind test）とよばれます．

診断の集計をすると，第1グループでは28名，第2グループでは4名に症状の改善がみられました．この情報をもとに，ストマイの効果があったかなかったかの検定をします．

●7.3.1　2グループの比率の差

7.1節ではグループは1つしかありませんでした．そして硬貨の表が出る比率が0.5に等しいと考えるかどうかを検定しました．ここでは，グループが2つあります．この例では第1グループの改善率が第2グループより高いかどうかを調べます．

第1グループの改善率を p_1，第2グループの改善率を p_2 としましょう．検定の帰無仮説は，ストマイ効果なしを意味する

$$H_0 : p_1 = p_2$$

です．対立仮説はストマイ効果ありで，

$$H_a : p_1 > p_2$$

となります．

ここでは，第1グループと第2グループは別の標本であると理解されます．2

つの標本は互いにまったく関係がありません．このように相互に関係のない標本は，独立であるといわれます．第 5 章の実験 2 では，硬貨を 100 回投げる標本がとられ，そして平均が計算されました．この手続きが 500 回繰り返されたのですが，この 500 回は，互いに独立な標本になっています．

第 5 章では，500 の各標本の性質は共通です．いまの例では，第 1 グループと第 2 グループは独立ですが，同じ性質を持つかどうかが検定の対象になっています．同じ性質を持つのなら，改善率が同じになります．

実際の改善率は，第 1 グループで改善した人の比率

$$\overline{X}_1 = \frac{28}{55},$$

第 2 グループでは

$$\overline{X}_2 = \frac{4}{52}$$

となります．改善した人は 1，改善しなかった人は 0 だと考えれば，硬貨投げと同じ処理です．

検定法は，7.1.1 項の一般化になります．検定では，改善率の差

$$\overline{X}_1 - \overline{X}_2 = \frac{28}{55} - \frac{4}{52} = 0.432$$

が 0 に近いかどうかを判定することが目的になります．

2 個の改善率 $\overline{X}_1$ と $\overline{X}_2$ は独立な標本からとられてきています．7.1 節では標本が 1 つでしたから，平均 $\overline{X}$ の分散は

$$V(\overline{X}) = \frac{p(1-p)}{n}$$

となっていました．ここでは，標本は 2 つ，また 2 つの標本は独立ですから，各標本から前式と同じ形の分数が出てくるのです．ですから，$(\overline{X}_1 - \overline{X}_2)$ の分散は

$$V(\overline{X}_1 - \overline{X}_2) = V(\overline{X}_1) + V(\overline{X}_2) = \frac{p_1(1-p_1)}{n_1} + \frac{p_2(1-p_2)}{n_2}$$

となります．ここで，n_1 と n_2 は，各々第 1 グループと第 2 グループの標本の大きさです．第 1 グループと第 2 グループは 1 組しかありませんから，この式を使って分散を推定します．

$(\overline{X}_1 - \overline{X}_2)$ は引き算ですが，分散は，2つの分散の足し算になります．$\overline{X}_1$ がばらつき，$\overline{X}_2$ も同様にばらつきます．符号が変わっても同じことで，$(-\overline{X}_2)$ もばらつきます．各平均は独立な標本から計算されているので，ばらつき具合は加算される結果になります．

検定には，
$$z = \frac{\overline{X}_1 - \overline{X}_2}{\mathrm{SE}}$$
が使われ，また z の境界値の求め方などは 7.1 節と同じです．SE は分散の推定値の平方根です．

■ 帰無仮説下での分散の推定

実際に計算をしてみましょう．7.1 節と同様の手続きで検定を行うには，帰無仮説を前提として，共通の有効比率を求める必要があります．帰無仮説が正しいとすると，2 グループの性質は同じですから，全体で 1 グループしかないことになります．比率は，107 人のうちで 32 人に効果がみられたことから，
$$\overline{X} = \frac{28 + 4}{55 + 52} = \frac{32}{107}$$
となり，$p_1 = p_2$ だから分散の推定は，p_1 と p_2 を共通の $\overline{X}$ に代えて
$$\frac{1}{55} \times \overline{X} \times (1-\overline{X}) + \frac{1}{52} \times \overline{X} \times (1-\overline{X}) = \left(\frac{1}{55} + \frac{1}{52}\right) \overline{X}(1-\overline{X}) = 0.007843$$
となります．平方根は
$$\mathrm{SE} = 0.089,$$
z は
$$z = \frac{\overline{X}_1 - \overline{X}_2}{\mathrm{SE}} = \frac{0.432}{0.089} = 4.85$$
となります．5％検定だと境界値は 1.65 ですから，検定は明らかに有意です．つまりストマイは効果があるという結論がもたらされました．P 値はほぼ 0 です．このような研究の結果，ストマイは結核の特効薬として使用されはじめたのです．

■ 対立仮説下での分散の推定

分散の推定で，各グループの有効率をそのまま使うこともできます．7.1 節の「対立仮説下での分散の推定」の延長になりますが，$\overline{X}_1$ と $\overline{X}_2$ を用いて，

$$V(\overline{X}_1 - \overline{X}_2) = \frac{1}{55} \times \overline{X}_1 \times (1 - \overline{X}_1) + \frac{1}{52} \times \overline{X}_2 \times (1 - \overline{X}_2)$$
$$= \frac{1}{55} \times \frac{28}{55} \times \frac{27}{55} + \frac{1}{52} \times \frac{4}{52} \times \frac{48}{52}$$
$$= 0.00591$$

と計算できます．$\overline{X}_1 \times (1 - \overline{X}_1)$ は第 1 グループの標本分散になっています．第 2 グループについても同様に計算します．SE は平方根ですから，

$$\mathrm{SE} = 0.0769$$

となり，z は

$$z = \frac{\overline{X}_1 - \overline{X}_2}{\mathrm{SE}} = \frac{0.432}{0.0769} = 5.62$$

です．このケースでは検定結果は変わりません．また，P 値はもちろん 0 です（$\overline{X}_1(1 - \overline{X}_1)$ などは各グループの標本分散になっているので，後で説明する 7.4.2 項の検定を硬貨投げデータに応用するのと同じ結果になります．また，7.5 節の分散分析も考え方が同じです）．

例 7.3 硬貨投げ実験

硬貨を 25 回投げる実験 1 のデータを分析しましょう．第 5 章の 5.3 節で表が出る確率を 0.5 として作った最初の標本は

$$\{1,1,1,0,1,0,0,0,0,1,1,0,0,0,0,0,0,0,1,1,1,0,1,0,0\}$$

2 回目の標本は

$$\{0,0,0,0,0,1,0,0,1,0,0,1,0,0,0,0,0,0,1,0,0,1,0,0,0\}$$

でした．表の比率は，最初の標本では 10 回出たから 0.4, 2 回目は 5 回出たから 0.2 です．母集団は共通であるといっても，ずいぶん違う結果になっています．そこで，表が出る比率は同じかどうかの検定をしましょう．帰無仮説は「同

じ」，対立仮説は「異なる」です．したがって，両側検定になります．5％検定なら境界値はプラスとマイナスの 1.96 です．

帰無仮説下の共通の比率を計算する第 1 の方法で分散の推定値を求めましょう．表の回数は全体で 15 ですから，比率は 0.3 です．ですから分散は

$$\frac{1}{25} \times 0.3 \times 0.7 + \frac{1}{25} \times 0.3 \times 0.7 = 0.0168$$

となり，SE は平方根ですから，0.13 になります．検定統計量 z は

$$z = \frac{\overline{X}_1 - \overline{X}_2}{\text{SE}} = \frac{0.2}{0.13} = 1.54$$

になります．プラス側の境界値は 1.96 ですから，比率は同じという帰無仮説は棄却されません．

対立仮説下の方法で分散の推定値を求めると

$$\frac{1}{25} \times 0.4 \times 0.6 + \frac{1}{25} \times 0.2 \times 0.8 = 0.016$$

となり，SE は平方根ですから，0.1265 になります．検定統計量 z は

$$z = \frac{\overline{X}_1 - \overline{X}_2}{\text{SE}} = \frac{0.2}{0.1265} = 1.58$$

となりました．したがって，比率は同じという帰無仮説は棄却できません．結果は同じです．（例 終わり）

❖ コラム　二重盲検とシンプソンのパラドックス

第 1 章でシンプソンのパラドックスを紹介しましたが，ここでは新薬治験の例をみましょう．第 1 章の成績 A, B, C と同様に，被験者（治験を受ける患者）を男性と女性にグループ分けをします．そして各グループで，一部にはプラセボを与え，残りの人には新薬を与えます．その結果が表 7.1 のようになったとします．表から明らかなように，男性グループでも女性グループでも新薬を投与された患者のほうが治癒率が高くなっています．しかし，男性と女性を合わせた全体では，プラセボのほうが治癒率が高いのです．

このパラドックスは男性のプラセボ被験者が 40 人いて治癒率が高いこと，女性の新薬被験者が 40 人いて治癒率は改善しているものの，もともと治癒率が

低いことがトリックになっています．男と女のグループ分け（層別化）は当然でしょう．ここでは男女に分けた結果が真実を伝えると考えられますが，一般的には全体のグループ分けには細心の注意が必要です．

表7.1 プラセボと新薬の比較

	プラセボ			新　薬			効　果
	被験者総数	治癒者	治癒率	被験者総数	治癒者	治癒率	差
男	40	20	0.5	12	8	0.67	+0.17
女	12	3	0.25	40	12	0.3	+0.05
全　体	52	23	0.44	52	20	0.385	−0.055

7.4 正規分布に関する検定

母集団が正規分布の場合の検定を説明しましょう．つまり，データに入っている値が正規分布になっていると考えられる場合の検定です．電池の寿命は，平均と分散は未知ですが，正規分布をすると考えて検定の説明をします．

● 7.4.1 平均の検定

第6章6.2節で使った電池の寿命の例で説明しましょう．電池の寿命の和が正規分布なら，平均の分布はやはり正規分布になっています．平均 $\overline{X}$ の期待値と分散を求めると，結果は

$$\overline{X}の期待値 = m$$

$$\overline{X}の分散 = \frac{寿命の分散}{n} = \frac{v}{n}$$

でした（第6章6.2.3項）．メーカーは，電池は通常の使用条件では1年持つと宣伝しているとします．検定の帰無仮説は，正規分布の平均 m について

$$H_0 : m \geq 380$$

としましょう．365 日に半月を加えて，多少の余裕を見ています．寿命は 1 年ですが，使用環境により変動することを認めるとします（帰無仮説をもっと厳しくしたほうが望ましいかもしれません）．対立仮説は，寿命は平均して 380 日に足りないという意味で，片側の不等式

$$H_a : m < 380$$

となります．この場合，帰無仮説は対立仮説との境になる 380 日だけを使えばよいことが知られています．つまり，

$$H_0 : m = 380, \ H_a : m < 380$$

と設定して検定をします．対立仮説は「380 日に満たない」です．

　平均寿命の 373.8（表 6.1）は 380 に 1 週間ほど不足しています．標本の SE は 5.56 でした．

　境界値は，平均が 380，標準偏差が 5.56 の正規分布の 5 パーセント点です．計算すると，左裾の 370.86 になります．Excel だと，式は「=NORMINV(0.05, 380, 5.56)」で計算できます．棄却域は 370.86 より左の領域であり，大きさは 5 ％です（373.8 は 370.86 より大なので当然ですが，373.8 は棄却域には入りません．絵を描いて理解してください）．

　片側 P 値を求めるのなら，Excel を使うと「=NORMDIST(373.86, 380, 5.56, true)」で計算でき，0.135 となります．13.5 ％です．

■ 帰無仮説下での分散の推定

　以上では，分散の推定で帰無仮説 $m = 380$ は使われていません．この検定では，分散の推定に帰無仮説を使わないのが普通です．

■ t 検定

　以上では，基準化は必要ありません．しかし，母集団が正規分布の場合は，t 分布を使う t 検定が利用可能です．この検定は，本章の「補論」で説明します．

例 7.4 集団検診

日本では学生だけでなく会社員も集団検診を受けます．そして，ある検査項目について数値が少し高かったり低かったりすると，「要精密検査」という知らせを受けます．

図 7.6 が，血液や尿から調べる尿酸値の分布だとします．検査結果が境界値 7.0 mg/dl（1 デシリットルあたり 7 mg）を超える値になると，高尿酸血症と判定されます．男性の尿酸値が平均 5.6 mg，SD 1.31 の正規分布になるとすれば，7 mg を超えるのは 14 ％です．集団検診ですから，受診者が 1 万人いれば 7 mg を超える人は 1400 人にもなります．

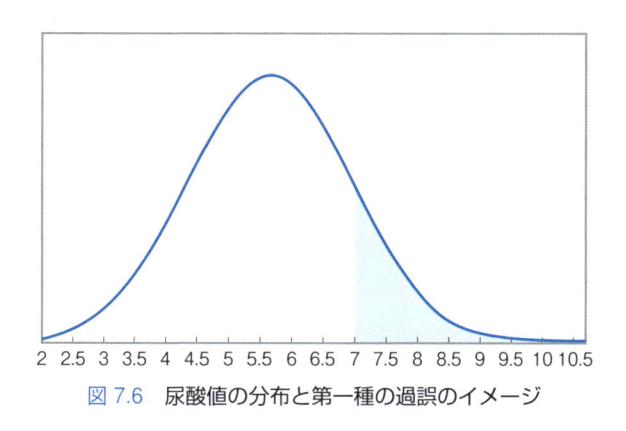

図 7.6　尿酸値の分布と第一種の過誤のイメージ

この高尿酸血症の判断も，多くの人にとっては第一種の過誤と理解することができます．1000 人が集団検診を受ければ，140 人が要精検となるのかと多少疑問に思います．対立仮説は定まっていません．高尿酸血症には食生活，飲酒，腎機能障害，遺伝の問題など，いろいろな原因が考えられるようですが，痛風や高血圧との合併症などは心配ですから，安心のため精密検査を受けるほうがよいのは当然です．ただ，仲間が 140 人もいるんだということを理解して，過度の心配をしない必要があります．

がんの早期発見でも同様の問題は生じます．乳がん検査（マンモグラフィ）では 1000 人が集団検診を受けると 9 ％くらいの人は要精検と判断されるようです．がんの精密検査となると心配は大きく，「私はがんで死ぬのか」といった過度の気苦労が生まれると想像できます．

集団検診で実際にがんが見つかる割合は，精密検査を受ける人の中で 2～4 % くらいだそうです．この人たちの検査結果は対立仮説の下で分布していると理解できます．ただし，図 7.5 の対立仮説の点線分布には，この例では 3 人ほどしか入っていないのです (1000 人の 9 % が 90 人で，そのうちの 2～4 % です)．

がんを実際に患っている人がすべて集団検診で見つかり，精密検査を受ければいいのですが，どうしても第二種の過誤が生じる可能性があります．つまり，がんを患っていても集団検診をパスしてしまう確率です (要精検と知らされていながら精密検査を受けない人もいるでしょう)．検診の最大の問題は，この検査漏れです．ドーピングでは「シロをクロ」と判定することが倫理上最大の問題でした．ここでは逆で，病人を健康と判定してしまうこと，表現に問題はありますが「クロをシロ」と判定することが最大の問題です．この第二種の過誤を減らすには，境界値を低くし，少しでも怪しければ要精検と判断する以外に方法がありません．罹患者を全員見つけ出すのが正しい医療政策でしょう．しかし，第一種の過誤が増加します．2 つの過誤は相反するのです．

1000 人では要精検 90 人，そのうち 3 人くらいがさらなる処置が必要ということになりますが，87 人は無駄な気苦労をさせられたと不満を持つようです．精密検査は安心料だと考え，要精検という知らせを受けても大騒ぎをしないことが肝心です (数値は NHK「ためしてガッテン」(2011 年 7 月 6 日放送) より．独立行政法人がん研究センターのホームページでは，1000 人中 5 % が要精検となり，そのうちの 2～4 % が乳がんと診断されるとあります)．

尿酸値の検査では数値が出ますが，胃がんや乳がん検診での要精検の判定は，数値ではなく，画像を見た上でなされます．しかし，背後にある考え方には変わりがありません．(例 終わり)

❖ コラム　冤 罪 率

応用される例の内容に依存しますが，

$$\frac{第一種の過誤}{1-第二種の過誤}$$

を冤罪率とよんで，冤罪率をなくす努力がなされたりします．ドーピングの例だと，違反者 1000 人のうち 97.7 % は発見されます．しかし，棄却域は 0.25 % ですから，健常者 1 万人のうち 25 人が第一種の過誤の犠牲者になります．です

から，977人の「クロをクロと正しく発見される」違反者と「シロなのにクロと誤って判定される」25人の犠牲者の比率，冤罪率は

$$冤罪率 = \frac{シロをクロと判定}{クロをクロと判定} = \frac{25}{977}$$

でほぼ2.5％となります．

刑事事件での冤罪も社会的に大きな問題になります．1990年に起こった足利事件では，新しい技術による精度のより高いDNA型鑑定により，2009年になって被告とされた人の無実が分かりましたが，分子である第一種の過誤は0でないといけません．第一種の過誤を0にするには図7.7では境界値が右に動き，第二種の過誤が増加します．あるいは，足利事件で使用された新しいDNA型鑑定のような新検査法が必要ですが，はたして分子を0にできるのでしょうか．ドーピングでも分子は0であるべきで，比率としては低いほうが望ましいのは当然です．

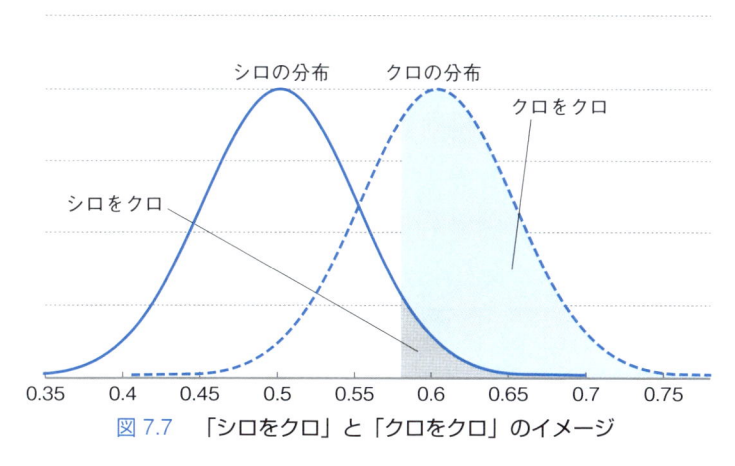

図7.7 「シロをクロ」と「クロをクロ」のイメージ

例7.4では，3人のがん患者を発見するために90人が精密検査を受けるという内容でしたが，ドーピングのケースと同じ計算をすると，倍率は$\frac{87}{3}$，ほぼ30倍の人が「犠牲になる」といった計算になります．しかし，精密検査は自分の健康を確認するために必要ですから，この比率は大きくても問題はありません．

アメリカでは，ニューヨークの世界貿易センタービル等へのいわゆる9.11同時多発テロ以後，テロリストの発見が大きな社会問題になっているそうです．少数のテロリスト（分母）を見つけるためにウソ発見器（ポリグラフ）なども使うようです．前掲の『ヤバい統計学』(p.206)によると，ウソ発見器の精度は

低く 10 ％の誤差があるとしています．たとえば，CIA などの情報機関の職員が1万人おり，その中にテロリストの同調者が 10 人いるとします．ウソ発見器で検査をすれば 9990 人の無実の人のうち 999 人がクロと誤って判定され，また 10 人のスパイのうち 9 人がクロとなります．そうすると冤罪率は $\frac{999}{9} = 111$ となり，ウソ発見器は許容できないという主張につながっていきます（統計学者ファインバーグの主張．『ヤバい統計学』p.203 より）．

●7.4.2　平均の比較

電池の例を続けます．電池の寿命は正規分布という前提は変わりません．そして，同一の電池を新工場で作り始めたとします．ですから新電池の寿命は同じく正規分布になっていると考えます．ただし，平均と分散は分かりません．旧，新工場の順で平均は m_1 と m_2，分散は v_1 と v_2 とします．

その工場の製品から大きさが 50 の標本をとって集計すると，結果は表 7.2 のようになりました．旧工場との比較から分かるように，平均は増加しています．そして，標準誤差は減少しています．他にもいろいろ変化を指摘することができますが，ここでは平均が同じかどうかの検定を説明しましょう（Excel による分散の計算では，自由度 29，49 が使われています．これは，平方根である標準偏差およびそれを n の平方根で割った標準誤差に影響します）．

表 7.2　電池の寿命（基本統計量）

	旧	新		旧	新
平　均	373.8	388.3	分　散	928.9	1199.8
標準誤差 (SE)	5.56	4.90	最　小	321.8	302.8
中央値	371.6	387.1	最　大	441.2	480.2
標準偏差 (SD)	30.48	34.64	n	30	50

検定の仮説については，帰無仮説の下では平均は同じで

$$H_0 : m_1 = m_2,$$

対立仮説は新工場の平均は増加したということで

$$H_a : m_1 < m_2$$

とします．検定は片側で，検定のサイズは5％としましょう．

正規分布の分散 v_1 と v_2 はともに未知です．しかし，大小関係などの制約はありません．標本が互いに影響しないという独立の条件をおくと，$(\overline{X}_1 - \overline{X}_2)$ の分散は

$$V(\overline{X}_1 - \overline{X}_2) = V(\overline{X}_1) + V(\overline{X}_2) = \frac{v_1}{n_1} + \frac{v_2}{n_2}$$

となります．7.4.1項の分散が2つ出てきて，合計されるのです．ここで，n_1 と n_2 は，各々第1グループと第2グループの標本の大きさです．比率の差の検定と形式が同じです．検定に使う値も

$$z = \frac{\overline{X}_1 - \overline{X}_2}{\text{SE}}$$

で同じです．SE は，$(\overline{X}_1 - \overline{X}_2)$ の分散を推定して，平方根をとった値です．さらに，z は帰無仮説の下で標準正規分布になります．したがって，棄却域の定め方も変わりません．

以下，計算をすると，

$$\overline{X}_1 - \overline{X}_2 = 373.8 - 388.3 = -14.5$$

分散の推定値は，対立仮説の下で

$$\frac{v_1}{n_1} + \frac{v_2}{n_2} = \frac{928.9}{30} + \frac{1199.8}{50} = 54.96$$

となります．平方根 SE は 7.4 となるので，

$$z = \frac{-14.5}{7.4} = -1.96$$

です．対立仮説が正しいと，$(m_1 - m_2)$ はマイナスであり，棄却域はマイナス方向の裾にとられます．したがって，5％の検定では，境界値は -1.645 になり，帰無仮説は棄却されます．

■ 注 意

分散の推定では，異なる平均が使われ，帰無仮説を前提にした共通の平均は計算しないのが普通です．つまり，7.3.1項で述べた「帰無仮説下での比率」に類する検定がありません．次節で説明する分散分析でも同じ考えが応用されています．また，7.6節「補論」の t 検定も，複雑ですが応用できます．

7.5 分散を使う検定

2つの母集団が正規分布である場合の，平均の差に関する検定の説明は以上で終了です．次に，母集団が複数あって，各集団の分散を利用する検定を説明します．

● 7.5.1 分散比に関する検定

最初は分散が同じかどうかの検定を説明します．2つの母集団の分散を，v_1 と v_2 とします．帰無仮説は，$v_1 = v_2$ です．

標本平均については正規分布を基にした検定が使われてきましたが，分散に関する検定では F 値とよばれる分散の比を計算しなければいけません．この検定では，参照する分布が変わります．検定の仕方を，例を通して説明しましょう．

企業を製造業グループと金融業グループに分けたとします．表7.3は，製造業グループに入る10社，また金融業グループに入る12社の収益率データです．このデータをもとにして，2グループの収益率の分散に違いがあるかどうかの検定をします．

表 7.3 収 益 率

製 造 業	−1.9	0.2	−0.7	0.9	0.3	1.3	0.7	−1.6	−1.4	0.4	なし	なし
金 融 業	1.9	−1.3	−2.1	2.2	2.7	3.7	−0.7	1.4	−2.1	−0.8	−1.5	−0.9

収益率の分散は収益率の散らばり具合を示しますが，これが金融証券分析ではリスクとよばれる重要な指標になっています．もし収益率が同じであれば，分散が小さい企業のほうが投資対象として望ましいからです．分散が大きいとリスクが高いといわれ，危ないという意味を持ちます．

分析に先立って，各グループの基本統計量を計算すると，次の表7.4のようになりました（Excel 分析ツールの「基本統計量」では，分散の計算で自由度 $(n-1)$ が使われています．これは，平方根である標準偏差（SD）およびそれ

表7.4 製造業と金融業の基本統計量

	製造業	金融業
標本平均	−0.18	0.21
標準誤差（SE）	0.359	0.588
中央値	0.25	−0.75
標準偏差（SD）	1.134	2.035
標本分散	1.286	4.143
n	10	12

を n の平方根で割った標準誤差（SE）にも影響が及びます）．

　収益率の平均値は2業種で多少違いますが，平均収益率は同じであるという帰無仮説は棄却できませんでした．ですから，収益率は変わらないと理解します．次に，収益率の分散が等しいかどうかの検定をします．

　表7.4では，製造業のほうが金融業より分散が小さく，同じ収益率を得るには，製造業のほうが投資対象として安心できることになります．はたしてこの予想は正しいといえるのでしょうか．検定の帰無仮説は，「リスクは等しい」です．対立仮説は「製造業より金融業のほうがリスクが大きい」とします．式で表すと，帰無仮説：$v_1 = v_2$ と，対立仮説：$v_1 < v_2$ になります．

●7.5.2　F 分布

　検定には，分散の比

$$F = \frac{4.143}{1.286} = 3.22$$

が使われます（各分散は，Excelでは自由度（$n-1$）で割られて計算されています．この検定では自由度で割って得た標本分散を使います）．

　このように，検定は問題によって計算方法が違ってきます．比率や平均に関する検定では，z あるいは t という分数を計算しました．分散の大小に関する検定では，分散の比が検定に使われます．なぜかというと，分散の比であれば，棄却域を定めるための分布が分かるからです．平均に関する検定では，z あるいは t を使うと，正規分布あるいは t 分布をもとに境界値を定めることができ

たことと同じ理由です．

母集団が正規分布であれば，つまり収益率は正規分布になると考えられれば，分散の比は，帰無仮説の下で，分子の自由度が 11，分母の自由度が 9 の F 分布になります．この F 分布は，図 7.8 のような曲線です．

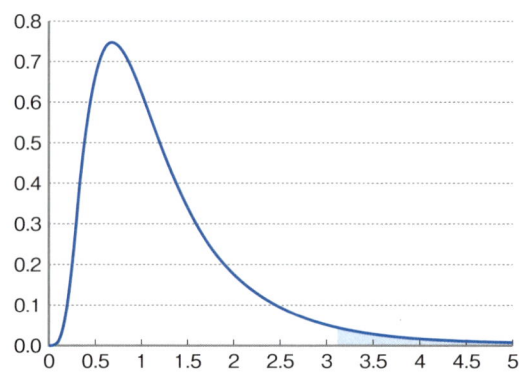

図 7.8　自由度が分子 11，分母 9 の F 分布の 5％棄却域

■ 片側 5％検定

帰無仮説が正しければ，分散は同じになりますから F の値は 1 に近くなると予想されます．「金融業のほうがリスクが大」が対立仮説なので，対立仮説が正しければ F の値は大きくなります．ですから，棄却域は F 分布の右端の裾 5％になります．この図では，3.10 が境界値です．

いまの例では，F 比は 3.10 より大ですから，帰無仮説は棄却され，金融業のほうがリスクが大きいと判断できます．検定は片側 5％検定では有意です．

■ 両側 5％検定

両側検定をするのであれば，F の値は 1 より大なので右裾の 2.5 パーセント点 3.91 だけが分かっていれば，十分です．3.22 は右裾の棄却域に入りません．

左裾の 2.5 パーセント点は不必要です．いま計算している F の値は 1 より大であり，3.22 は左裾の棄却域に入らないことが自明だからです（形式的には，

左裾の 2.5 パーセント点は 0.28 で，この値より左が棄却域です．1 より大きい 3.22 は絶対にこの棄却域には入りません）．

■ F 値が 1 より小

F を逆に
$$F = \frac{1.286}{4.143} = 0.310$$

と計算していた場合には 1 より小ですから，あらためて逆数を計算し，3.22 と右裾の 2.5 パーセント点 3.91 の比較をすればおしまいです．

分散比の検定では，F 分布の右裾（上側）2.5 パーセント点と 5 パーセント点が普通の検定に必要な情報になります．左裾のパーセント点は必要ありません．

本書では，F 分布表は与えていません．厳密なパーセント点は Excel で計算してください．右裾 P 値は「=FDIST(3.22, 11,9)」によって求まります．「FDIST(座標値, 分子自由度, 分母自由度)」と入力します．P 値が 0.05 より小であれば，帰無仮説は棄却されます．両側の P 値は，この値の 2 倍になります．

右裾の 5 パーセント点は，「=FINV(0.05, 11, 9)」と計算します．これは 3.10 になります．2.5 パーセント点は「=FINV(0.025, 11,9)」で，3.91 になります．

●7.5.3 多グループの平均

異なるグループが 3 個，あるいはそれ以上あるとして，多数ある平均が等しいという帰無仮説を検定する必要が生まれたらどうすればよいでしょうか．各グループの母集団は正規分布，かつ互いに独立であるとしておきます．

グループ数が 3 なら，7.4.2 項で説明した検定を 2 グループずつ選んで 3 回繰り返すことができます．グループ名が A，B，C なら，A と B，B と C，C と A の比較をするのです．しかし，このやり方では，3 個の検定が互いに矛盾する可能性があります．平均について，

$$A = B,\ B = C,\ C \neq A$$

となると，全体としてどう判断すればよいか，といった問題が起きます．

分散分析法では，3個のグループを同時に扱います．そして，帰無仮説は「3個の平均は同じ」，対立仮説は「3個の平均は同じとはいえない」となります．例を通して，検定の手順を説明しましょう．この検定では，前項で説明したF分布が境界値を求めるために必要です．

　3種類の肥料の有効性を比較して，もっとも有効な肥料の選択を考えているとしましょう．このために，3種類の肥料を畑に施し，作物の収穫量を調べます．畑は1区画だけでは土地および日照などの影響で結果が左右される可能性があるので，各肥料を7地区に撒き，7地区から得る収穫量を調査します．

　結果が，表7.5のようになったとします．表7.5は，肥料ごとにまとめられた7地区での$100\,\mathrm{m}^2$あたりの収穫高です．平均収穫高の違いはさまざまな要因によって生じますが，ここでは肥料が差異をもたらすかどうかの検定をします．はたして肥料に違いはあるのでしょうか．

表7.5　肥料ごとの収穫量（kg）

肥料 A	41.8	33.0	43.7	34.2	32.6	36.2	38.5
肥料 B	38.9	37.5	38.9	38.6	38.4	33.4	35.9
肥料 C	36.1	33.1	36.4	40.2	34.8	37.9	33.9

　表7.5の基本統計量の計算結果は表7.6にまとめられています（Excel「基本統計量」による分散の計算ですから，3グループについては自由度6，全体については20が使われていることに注意しましょう）．表7.6において，最初の3列は各肥料がもたらす収穫量の集計値です．最後の列は，すべての21個の値をまとめて計算した集計値です．この全体の集計と，個々の肥料がもたらす集計結果を比較して検定を行います．

表7.6　各肥料の基本統計量

	肥料 A	肥料 B	肥料 C	ABC 全体
標本平均	37.14	37.37	36.06	36.86
標本分散	18.98	4.20	5.94	9.08
合　計	260	261.6	252.4	774
自由度（$n-1$）	6	6	6	20

●7.5.4 級内変動と級間変動

検定に必要な値は，級内変動と級間変動です．級内変動は各グループの分散から計算できます．級間変動は総変動と級内変動から計算できます．また，総変動は全データの分散から計算できます．

表 7.6 に合わせると，総変動，級内変動，級間変動は次のようになります．

1　総変動とは，各値と全体平均の差の 2 乗和です．Excel では，全体の分散に自由度を掛ければ求まります．

$$総変動 = 9.082 \times 20 = 181.63$$

2　級内変動は，グループ内の各値からグループ平均を引いた値の 2 乗和を 3 グループについて合計して求めます．Excel では，グループの分散にその自由度を掛けて合計します．

$$級内変動 = 18.980 \times (7-1) + 4.199 \times (7-1) + 5.943 \times (7-1) = 174.73$$

3　級間変動とは，総変動と級内変動の差です．

$$級間変動 = 181.63 - 174.73 = 6.90$$

級間変動には別の計算方法もあります．各グループの平均と全体平均の差を 2 乗し，7 倍して合計した値です．

$$7 \times (37.14 - 36.86)^2 + 7 \times (37.37 - 36.86)^2 + 7 \times (36.06 - 36.86)^2 = 6.90$$

結果は同じですが，全体の分散がない場合に役に立ちます．全体平均は，3 個のグループ平均の平均ですから，簡単に求まります．この式は，理解しやすいのではないでしょうか．3 つのグループ平均が同じなら，各グループの平均と全体平均も同じになります．

以上の結果より，F の値は

$$F = \frac{6.9/(3-1)}{174.73/(21-3)} = 0.36$$

となり，検定ができます．F の式では，級間変動を「グループ数の自由度＝グ

ループ数 マイナス 1」で割ります．分母は，級内変動を「全体のデータの大きさ マイナス グループの数」で割ります．対立仮説が正しくて，グループ平均が全体平均から離れていれば，分子は大きな値をとり，F も大きな値になります．帰無仮説が正しく，グループ平均と全体平均が同じような値をとるなら，F の値は小さくなります．

F 分布では，右裾の 5 ％値を境界値とします．「=FINV(0.05, 2,18)」を Excel で求めると，3.55 になりました．0.36 はこの値より左ですから，帰無仮説は棄却できません．0.36 の右裾 P 値は，「=FDIST(0.36, 2,18)」より，0.70 と求まりました．

グループ数が 2 個の場合は，F の値は z の 2 乗に近い値になります．**練習問題7.8** を計算してください．

● 練習問題 ●

7.1 第5章の実験2において，両側1％検定であれば，帰無仮説 $p=0.5$ が棄却されるのはどのケースでしょうか．またその割合はどうなるでしょうか（7.2.1項の29個の値のうち，棄却される値はどれでしょうか）．

7.2 同じく実験2の大きさ100の標本平均が0.45であったとして，95％と99％の信頼区間を作りなさい．SEは0.05としておきます．確率が0.5であるという帰無仮説に対して，5％の両側検定をしなさい．

7.3 （7.2.2項で説明した第二種の過誤の続き）対立仮説を $p=0.7$ として，Excelを使って第二種の過誤の大きさを計算しなさい．

7.4 ドーピングの例において，第一種の過誤と第二種の過誤の大きさを求めなさい．帰無仮説のもとでは，正規分布の平均は0.43, SDは0.025, 対立仮説のもとでは正規分布の平均は0.54, SDは0.02とします．また境界値として，0.5, 0.51, 0.52の3ケースを計算しなさい．

7.5 練習問題6.1の表（p.138）の数値を用い，高3男子の平均身長は171 cmであるという帰無仮説を検定しなさい．検定のサイズは5％とし，両側検定を使います．

7.6 標本の大きさは30．帰無仮説の下での $\overline{X}$ の分布は平均365とSE 5.56, 対立仮説の下での $\overline{X}$ の分布は平均355とSE 5.56とします．帰無仮説では平均は365, 対立仮説では355です．正規分布を使い，5％検定の第二種の過誤をExcelで計算しなさい．棄却域は左裾とします．

7.7 表7.3より，収益率は等しいという帰無仮説の検定をしなさい．

7.8 表7.5の肥料Aと肥料Bの効果に違いがあるかどうか，分散分析の方法により検定しなさい．ただし，ABを合わせた全体の平均は37.257とします．計算に

は表 7.6 も利用しなさい．同じく，7.4.2 項の方法で z を求めて検定をしなさい．その際，F を $\dfrac{14}{12}$ 倍した値の平方根が，z に一致することを確認しなさい（Excel で計算するとします．この問から分かるように，分散分析の考え方では分母の計算では，平均は等しいという帰無仮説は使われません．これは，7.4.2 項の z 検定，ならびに 7.3.1 項と 7.1.1 項の「対立仮説下での分散の推定」でも同じです）．

7.6 補論 —— t 検定

7.4.1 項の正規分布の平均に関する検定では，t 検定とよばれる伝統的な検定法があります．この t 検定では，帰無仮説の下での分布として，正規分布ではなく，第 6 章の 6.2.4 項で説明された t 分布が使われます．

t 分布を使う手法では，基準化が必要です．表 6.1 の平均 373.8 と SE $= 5.56$ を使って平均を基準化をすれば，

$$t = \frac{373.8 - 380}{5.56} = -1.1$$

となります．後は，z と同じ手順に従います．t 検定を説明しましょう．

1 自由度が 29 の t 分布を使うと，負の方向の 5 ％片側検定では境界値が -1.70 になります．棄却域は -1.70 より左なので -1.1 は棄却域に入らず，帰無仮説は棄却されません．これが t 検定です（Excel の関数を使うと，「=TINV(0.10, 29)」が 1.699 となります．5 ％の座標を求めたいのですが，そのためには，2 倍の 0.10 の座標を求め，さらに符号を変えます）．

2 t 分布を無視して標準正規分布で境界値を求めると，負の方向の 5 ％片側検定では境界値が -1.645 になります．やはり帰無仮説は棄却されません．7.4.1 項の 370.86 とは

$$\frac{370.86 - 380}{5.56} = -1.645$$

という関係が成立しています．

検定の仕方としては，両方とも筋が通っています．母集団が正規分布である（電池の寿命は正規分布をしている）と前提されれば，t 分布を使います（本書には，t 分布表は与えられていませんが）．

P 値は，自由度が 29 の t 分布を使うなら，「=TDIST(1.1, 29, true)」が 0.14 になります（求めたいのは -1.1 より左の面積ですが，対称性を利用して，1.1 より右を計算します．Excel の関数「TDIST」は，1.1 を指定すれば，1.1 より右の面積を計算します．先の NORMDIST と逆で，プログラムの統一がとれていないことが分かります）．標準正規分布では -1.1 はほぼ 13.5 パーセント点になります．もちろん，基準化しない場合の P 値と同じです．

第8章

相関と回帰

　第7章までは1つの調査項目について集めた調査結果を標本（サンプル）とよびました．初任給データ，身長データ，収益率データ，成績データなどの例を思い起こしてください．一般的には調査は1つの項目に限られる必要はなく，複数個の項目を扱うことが可能です．たとえば世帯の貯蓄額と所得額を同時に調査することは可能ですし，むしろそのほうが普通でしょう．このようにして作成されたデータは，項目数が2であれば，二値データとよばれます．

　二値データは，個々の特性に関する1個の値のデータ（一値データ）から構成されるのではないことに注意しないといけません．逆に二値データから個々の性質に関する一値データを作成することが可能です．例をみましょう．

　調査の対象としてA国，B国，C国3国における1人あたり所得と平均寿命が表 8.1 のようであったとします．

表 8.1 二値データ

	所得（万円）	平均寿命（年）
A 国	123	68
B 国	315	77
C 国	280	76

　A国，B国，C国をどう並べるかは自由ですが，A国の所得をB国の寿命と結びつけることはできません．この二値データから，所得データ $\{123, 315, 280\}$，そして寿命データ $\{68, 77, 76\}$ の2つが得られます．しかし，国の順番が分からなければ，所得データ $\{123, 315, 280\}$ と寿命データ $\{68, 77, 76\}$ から，表 8.1 は

再生できません.

たとえば所得データ $\{123, 315, 280\}$ については,値の順番がどう変わっても,平均や分散は同じになります.しかし,所得データの値の順番が変わってしまうと,平均寿命のデータがあっても,表 8.1 は復元できなくなります.

8.1 二値データの整理

データの整理の考え方は,第 1 章と同じです.例を通して説明を進めましょう.表 8.2 は生徒 50 人に関する数学と国語の試験の成績です.番号 (no) は,学籍番号とします.ですから,最初の 2 つの値は,学籍番号 1 番の生徒の成績は,数学が 15 点と国語が 51 点,となります.また,二値データの組合せを変えることはできません.誰でも知っているように,番号 1 番に他の生徒の点をつけたら大問題になってしまいます.

表 8.2　数学と国語の成績

no	数	国	no	数	国	no	数	国	no	数	国	no	数	国
1	15	51	11	46	73	21	94	84	31	45	66	41	77	77
2	62	68	12	76	88	22	58	65	32	66	72	42	69	82
3	47	66	13	68	94	23	42	72	33	58	72	43	86	82
4	73	82	14	61	73	24	21	54	34	54	72	44	82	85
5	63	82	15	52	78	25	24	68	35	36	76	45	61	81
6	59	74	16	27	65	26	55	69	36	64	72	46	44	63
7	54	63	17	40	63	27	61	69	37	72	79	47	59	81
8	79	83	18	76	55	28	62	79	38	73	84	48	49	63
9	74	86	19	44	69	29	64	72	39	61	86	49	76	80
10	69	72	20	62	58	30	64	74	40	52	64	50	48	74

no は学籍番号を意味しています.

このような二値データがあると,数学なら数学だけで成績の分析をすることが可能です.数学だけとり出して,平均や SD を計算します.国語についても

同様です．実際に棒グラフを作ってみると，図 8.1 と図 8.2 のようになりました．横軸座標は，10 点ごとの区間の上限です（スペースの関係で，相対度数分布表は示しません．また，後述の図 8.3 との関連のため，区間中点を横軸にとっていません）．一番上の区間だけは，90 点から 100 点までで，区間幅が 11 点になっています．このような棒グラフは第 1 章と第 2 章で学んできました．2 つの棒グラフは区間幅が等しく，また総数 50 人の成績のため，相対度数も求めていません．割合（％）は，棒の度数（頻度）を倍にすれば求まります．数学および国語，各々について Excel の「基本統計量」で平均や SD を計算してみましょう．

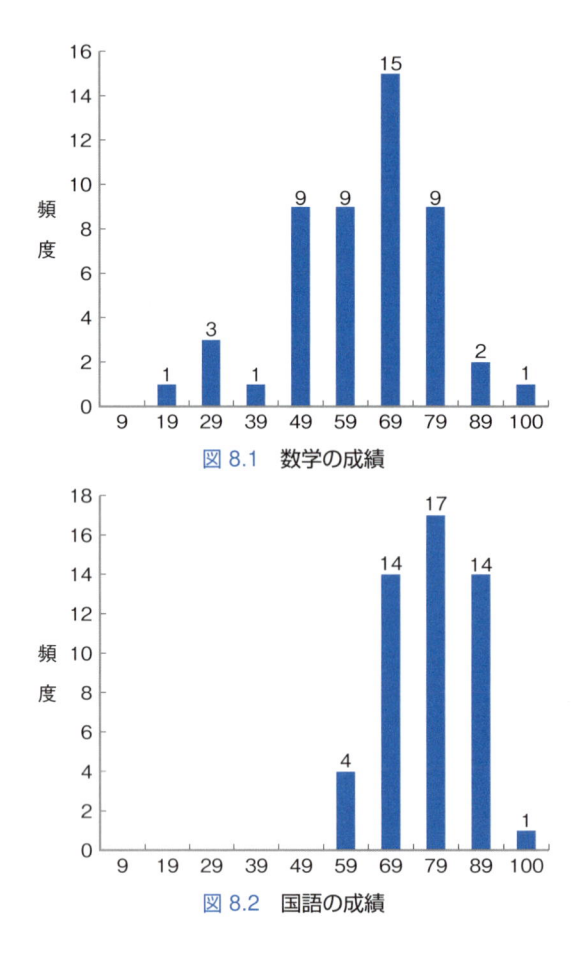

図 8.1 数学の成績

図 8.2 国語の成績

棒グラフからも，数学は点数がかなりばらついている一方，国語は数学に比べれば皆がよい成績をとっていることが分かります．国語の平均は 73.2 点で，49 点以下がいません．SD は 9.3 点です．数学の平均は 58.48 点，SD は 16.4 点で，数学の点が低すぎることも分かります．ほぼ半数が 59 点以下ですから，数学の問題は難しすぎたようです（Excel は 49 で割りますが，ここは 50 で割って分散を求めています）．

一値のデータについては，第 1 章で行った分析を繰り返します．

■ 散布図

二値データの整理で基本となるのは散布図です．これは，(数学, 国語) の点数の組合せを 2 次元の平面にとった図で，図 8.3 のようになります．横軸は数学，縦軸は国語の点です．国語の座標は 50 点以上としました．図の中の各点は，生徒一人ひとりの成績を示します．混乱を避けるために 5 人を選んで，その座標を示しました．左下は 24 番で，数学 21 点，国語 54 点となっています．右上は 21 番で，数学 94 点，国語 84 点です．一人ひとりの点数が，1 つの点になっています．この散布図を描くには二値データが必要です．

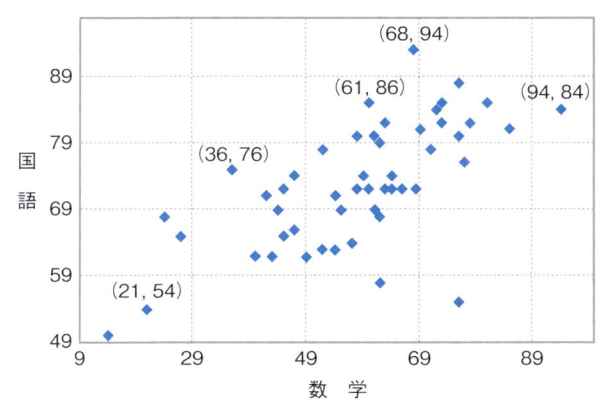

図 8.3　数学と国語の散布図

●8.1.1 二値の度数分布表

　二値の成績データがあれば，数学は数学の区間，国語は国語の区間をもうけて，各生徒が数学と国語のどの区間に入るかカウントし，二値の同時度数分布表を作ることができます．カウントは，数学と国語の点を見てどのマスに入るか判断して求めます．これは，第1章で作成した度数分布表を一般化したものです．分割表ともよばれますが，成績データについては，次の表8.3のようになりました．ただし，表を簡単にするため，国語も数学も59点までは1区間にしています．通常59点までは不合格と判断することに合わせたグループ分割です．60点から10点ごとの区間を定め，最高成績のグループは90点超，100点以下です．

表 8.3　数学と国語の同時度数分布表

		\~59	60〜69	70〜79	80〜89	90〜100	国語行和
			数学の点数				
国語の点数	\~59	2	1	1	0	0	**4**
	60〜69	12	2	0	0	0	**14**
	70〜79	8	7	2	0	0	**17**
	80〜89	1	4	6	2	1	**14**
	90〜100	0	1	0	0	0	**1**
数学	列和	**23**	**15**	**9**	**2**	**1**	**50**

列和は数学の度数分布，行和は国語の度数分布になっています．
各セルの度数を50で割れば相対度数に，2倍すれば%になります．

　この表は，度数を示していますが，標本の大きさは50ですから，%は度数を2倍にした値になります．数学で59点以下という悪い点数をとった生徒が多すぎますが，数学が59点以下でも，国語では60〜69点，あるいは70〜79点をとる生徒がたくさんいます．

　表では，左上コーナーから右下コーナーへ対角線を引いたとき，その右上側には度数が3しかありません．逆にこの対角線の左下側にほとんどの度数がみられます．したがって，数学の点数が国語の点数を超える生徒はあまりいないことが分かります．国語の点数のほうが数学より高くなる傾向が強いようです．

座標のとり方は，数学のグループ（1行目）は右に位置するほど点を高くします．国語については（1列目），下に位置するほど点を高くします．これが普通のグループのとり方です．ですから，数学も国語もよくできる生徒は，右下に位置することになります．この同時度数分布表から，各マスに何人入っているかが分かります．

散布図（図 8.3）では数学も国語もよくできる生徒は右上に位置しますから，視覚的に表 8.3 と結びつきません．そこで，通常合格と考えられる 60 点以上の国語 4 グループ，数学 4 グループ，総計 16 グループについて，図 8.4 を作成しました．図 8.4 では，国語は表 8.3 に合わせて，縦軸座標の下ほど点が高くなっています．この散布図は同時度数分布に対応していて，16 個のマスは，同時度数分布のマスと同じです．たとえば，数学の 60〜69 グループの列は，表の最初の値を除けば，2, 7, 4, 1, となっていますが，これは図 8.4 の最初の列の 4 マスに含まれる印の数と一致します．

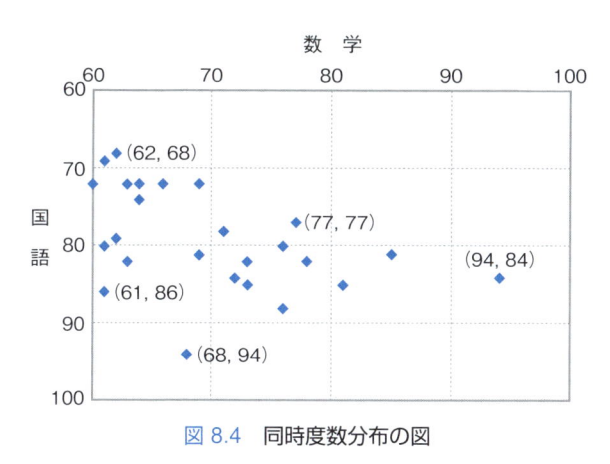

図 8.4 同時度数分布の図

●8.1.2 周辺度数分布

全体の傾向を眺めるのには図 8.4 のような散布図が都合がいいのでしょうが，表 8.3 のような同時度数分布表には，各列の和を計算すれば数学の度数分布表になる，同様に，各行の和を計算すれば国語の度数分布表になるといった便利

さがあります．第 1 章の度数分布表は，列和と行和から簡単に導くことができるのです．表 8.3 で示したように，最終行は数学の度数分布表です．また，最終列は国語の度数分布表になっています．このように，同時度数分布表からは，各科目に関する一値の度数分布表を導くことができます．

　逆は無理です．つまり，国語と数学について一値の度数分布表があったとしても，国語と数学の同時度数分布表を導くことはできません．なぜなら，どの人の数学の点が，たとえば国語の 70 点に結びついているのかが分からないからです（練習問題 8.1 を解いてみてください）．同時度数分布表の特色はここにあります．

　同時度数分布表から行和や列和を計算して導くことができるので，一値の度数分布を周辺度数分布とよびます．同時度数分布表の周辺に求まることから，この名前になっています．さらに，周辺度数分布から，数学および国語の平均や分散を計算することができます．これは，第 1 章と同じです．例として，国語の平均を計算しましょう．59 以下のグループの代表値を 55 点とすると，

$$\frac{1}{50}(55 \times 4 + 65 \times 14 + 75 \times 17 + 85 \times 14 + 95 \times 1) = 73.8$$

となります．もとのデータを使った計算とあまり変わりません．分散は，

$$\frac{1}{50}\{(55 - 73.8)^2 \times 4 + (65 - 73.8)^2 \times 14 + (75 - 73.8)^2 \times 17$$
$$+ (85 - 73.8)^2 \times 14 + (95 - 73.8)^2 \times 1\}$$
$$= 94.56$$

となり，SD は 94.56 の平方根で，9.7 になります（Excel を使うなら，標本分散はもとのデータを入力するだけで計算できます．ただし，第 2 章の「補論」で注意したように，分析ツール「基本統計量」では，$n-1$ で割って標本分散が求められています．Excel 関数の VAR($\cdot$) も同じですが，後で説明する COVAR($\cdot$) は n で割っています）．

8.2 数学と国語の相関

ここで，二値データが必要な相関の計算を説明します．これは数学と国語の結びつき具合を測る値ですが，数学のデータ，国語のデータだけが手元にあっても計算できません．

散布図（図 8.3）を見ると，印が全体として右上がりになっています．この状態を数値で表現するのが相関係数です．図 8.3 から，数学がよくできる生徒は，おおむね国語の点も高いという傾向がみえます．この例のように，1 つの値が高ければ，他の値も高くなるという性質が発見される場合，2 つの値には正の相関があるといいます．逆に 1 つの値と他の値が逆方向の動きをするとき，2 つの値には負の相関があるといいます．正の相関（positive correlation）は，プラスの相関と同じです．また，負の相関（negative correlation）はマイナスの相関という意味です．図 8.3 の数学と国語の点数には，正の相関があります．

●8.2.1 共分散

二値データより，各点に関しての平均，分散，そして標準偏差を求めたとします．さらに 2 つの点の間では，共分散が計算できます．共分散は

$$(数学の点 - 数学の平均) \times (国語の点 - 国語の平均)$$

を全員に関して計算し，それの平均をとって求めます．数学の分散が

$$(数学の点 - 数学の平均)^2,$$

同様に国語の分散が

$$(国語の点 - 国語の平均)^2$$

を全員に関して計算し，それの平均であることと似ています．しかし，共分散は，生徒一人ひとりの数学と国語の成績がないと計算できません．共分散は，表 8.2 の学籍番号 1, 2, ⋯, 50 の成績を使うと

$$\frac{1}{50}\{(15 - 58.48) \times (51 - 73.2) + (62 - 58.48) \times (68 - 73.2) + \cdots$$

$$+ (48 - 58.48) \times (74 - 73.2)\}$$

という計算です．共分散は，数学と国語に共通の傾向が見られるなら，0 でない値になります．

図 8.5 の散布図を見てください．図 8.3 と同じですが，各科目の平均を原点として，左右対称な区間になるように座標を定めています．座標の原点は数学 58，国語 73 で，平面は座標軸により 4 分割されています．4 分割して，右上を第一象限，左上を第二象限，左下を第三象限，右下を第四象限とよびます．そうすると，共分散の計算は

  第一象限（右上）は，（プラス）　×（プラス）　＝プラス，
  第二象限（左上）は，（マイナス）×（プラス）　＝マイナス，
  第三象限（左下）は，（マイナス）×（マイナス）＝プラス，
  第四象限（右下）は，（プラス）　×（マイナス）＝マイナス，

となります．掛け算の値にも依存しますが，掛け算がプラスになる第一と第三象限に生徒がたくさんいれば，全体として共分散はプラスになります．数学と国語の共分散は第一と第三象限に生徒がたくさんいるので，共分散は全体としてプラスです．第二と第四象限には，観測値が 12 個しかみられません．数学と国語の間の共分散は，98.7 でした．

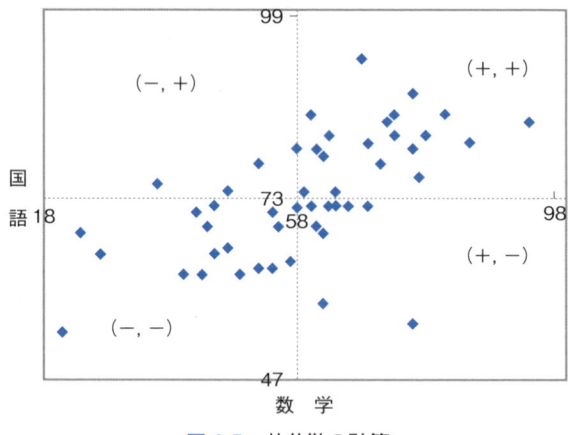

図 8.5 共分散の計算

符号は確かにプラスですが，共分散はその値の意味が分かりません．そこで考えられたのが相関係数です．次節の相関係数の符号は，共分散の符号で決まります（Excel では，「=COVAR(データ範囲,データ範囲)」です．データ分析にも共分散がありますが，いずれも n で割って求めています）．

●8.2.2　相関係数

共分散は，図 8.5 で見るような二値間の関係を数値で示し，プラス，マイナスの符号は全体の様子を示す情報になります．しかし，数値そのものはさまざまな値をとるため意味が理解できません．そこで，数学の点と国語の点をともに基準化し，基準化した数学と，基準化した国語の間で共分散を計算します．式は

$$\left(\frac{\text{数学の点} - \text{数学の平均}}{\text{数学の SD}}\right) \times \left(\frac{\text{国語の点} - \text{国語の平均}}{\text{国語の SD}}\right)$$

の平均となります．いまの計算では学籍番号 1 の生徒については

$$\frac{15 - 58.48}{16.4} \times \frac{51 - 73.2}{9.3}$$

となり，このような掛け算が 50 項あります．50 個の積の平均が共分散です．

50 項について，分母の数学の SD と国語の SD はすべての項に共通です．ですから，相関係数は結局

$$r = \frac{\text{数学と国語の共分散}}{\text{数学の SD} \times \text{国語の SD}}$$

と書くこともできます．

試験成績については，

$$r = \frac{98.7}{16.4 \times 9.3} \fallingdotseq 0.65$$

となりました（Excel では，「=CORREL(データ範囲,データ範囲)」です．データ分析にも相関があります）．基準化した値の散布図を描いてみましたが，試験の点数については偏差値の散布図のほうが分かりやすいと考え，図 8.6 を示します．図 8.4 および図 8.5 と図としては同じですが，縦と横の座標軸が同じ目盛りになります．

偏差値の3シグマ区間は $(50-3\times10 \sim 50+3\times10) = (20\sim80)$ ですが，基準化値であれば $(-3\sim+3)$ になります．偏差値について計算しても，相関係数は変わりません．

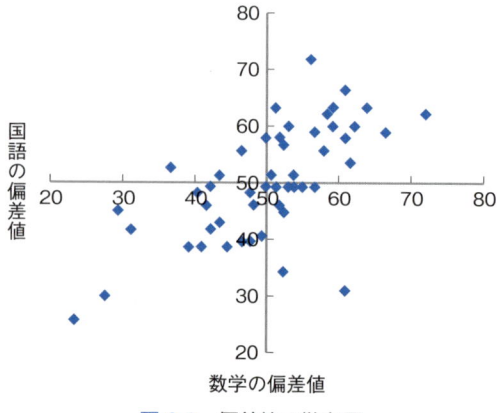

図 8.6　偏差値の散布図

●8.2.3　検　定

相関係数についての検定はどうすればいいのでしょうか．帰無仮説をまず決めないといけませんが，ここでは「数学と国語の相関は0である」としておきます．対立仮説は，二値の間の相関は0でないとします（両側検定です）．

第7章にならえば，SE（標準誤差）を計算できれば z が計算できます．説明は難しいのですが答えは簡単で，

$$\mathrm{SE} = \sqrt{\frac{1-r^2}{n-2}}$$

となります．ここで，r は相関係数，n は標本の大きさです．ですから z は

$$z = \sqrt{n-2}\frac{r}{\sqrt{1-r^2}}$$

と計算されます．検定の手順は第7章と同じです．標準正規分布に基づき，z の値が両裾の棄却域に入れば，帰無仮説は棄却されます．

二値がともに正規分布をしているという前提があれば，t 検定を使うこともできます．その場合は，z が第 7 章 7.4 節の t になっており，以下 7.4 節と同じ処理をしますが，自由度が $(n-2)$ の t 分布を使います．

先の例では，n が 50 ですから，z 検定は

$$z = \sqrt{48}\frac{0.65}{\sqrt{1-0.65^2}} = 5.9$$

になります．両側 5 ％検定なら，標準正規分布よりプラス側の境界値は 1.96 ですから，相関は 0 であるという帰無仮説は棄却されます．P 値は 0 です．

●8.2.4　さまざまな相関値

数学的には，相関係数の絶対値は 1 より小になります．相関係数は，二値の結びつき具合を -1 から $+1$ に挟まれた数値で表現するので実用上便利です．すでに述べましたが，相関係数の符号は共分散によって決まりますから，散布図が右上がりの傾向を示すならば，相関係数はプラスの値を示します．あるいは相関係数がプラスなら散布図は右上がりの傾向を示します．それゆえに正の相関という用語が使われます．同様に，相関係数がマイナス符号を持つ場合は，散布図は右下がりになります．

散布図が直線に近い状況であれば，相関係数は $+1$ に近い値になります．直線でも -45 度線の周りでばらつくデータならば，相関係数は -1 に近い値になります．相関係数が $+1$，あるいは -1 に近ければ，二値は相関が非常に高いとされます．

散布図を見ながら，相関係数がどのような値になるか，調べてみましょう．図 8.7 は，相関係数が $+1$ になるデータです．数値は示しませんが，データが正の傾きの一直線に乗っていれば相関係数は $+1$ になります．$+1$ は相関係数の上限です．

次に座標を偏差値とし，高校生 20 人に関する X と Y の 2 科目の試験成績の偏差値を散布図（図 8.8）に示します．相関係数が 0.9 になります．印は一直線には乗りませんが，45 度線の周りに散らばっている様子が分かります．成績は両方ともよい生徒や，両方とも悪い生徒が多いという傾向がみえます．

図 8.7　一直線上のデータ

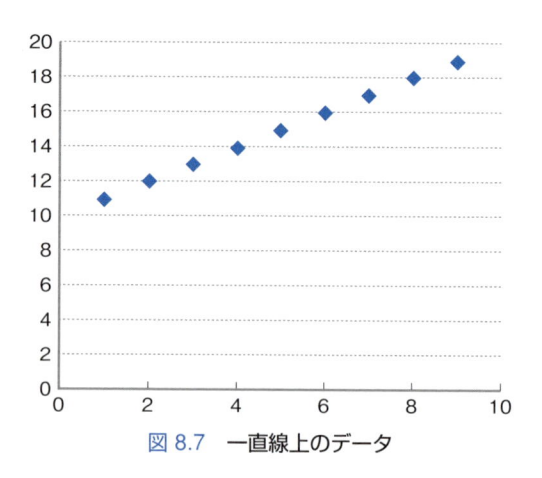

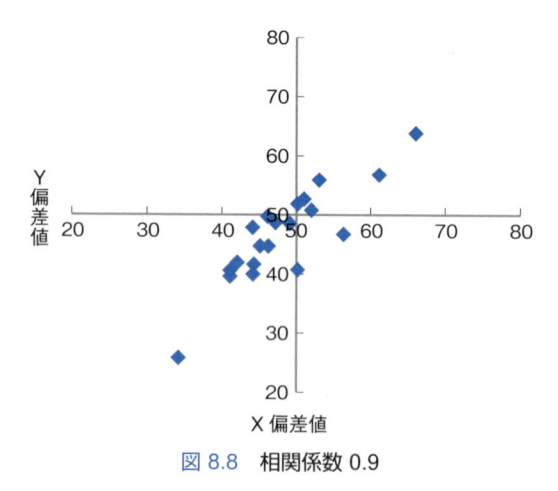

図 8.8　相関係数 0.9

　図 8.9 は，相関係数が 0.5 のデータです．直線のイメージが消えますが，45 度線を軸とする楕円の上に散らばっています．相関係数は積の値にも依存します

が，第一と第三象限に 12 個，第二と第四象限に 7 個の印があるのが特色です．

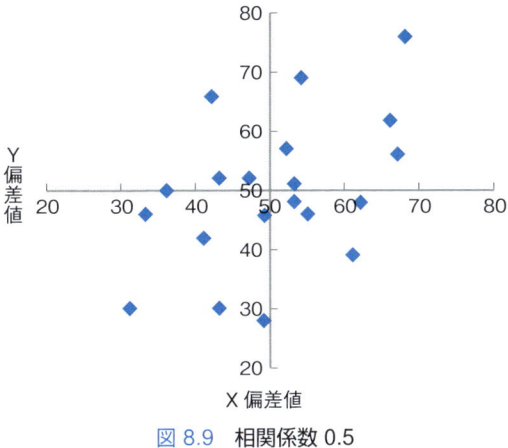

図 8.9　相関係数 0.5

図 8.10 は相関係数が 0 になるデータです．散布図から，原点を中心とした円がイメージできます．2 科目の偏差値には何の関係も見出せません．印は，第一と第三象限に 10 個，第二と第四象限に 9 個あり，ほぼ同数です．

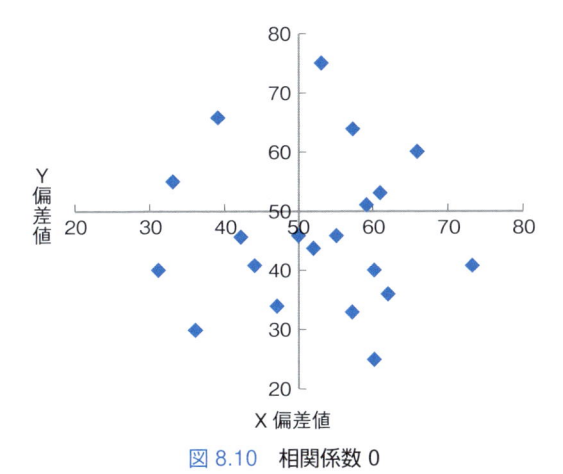

図 8.10　相関係数 0

図 8.11 の相関係数は −0.3 です．図 8.10 と比べると，第二と第四象限に印が偏っていることが分かるでしょう．第二と第四象限に印が 10 個ありますが，横軸上の 2 個を除いて第一と第三象限は 8 個です．印の数だけでなく，第四象限にある値の絶対値も大きいことが分かります．

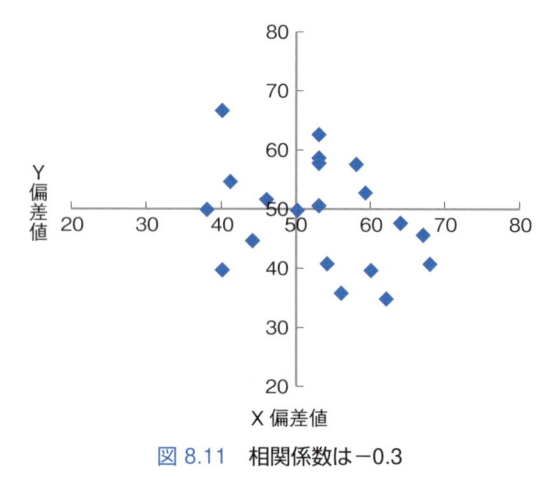

図 8.11 相関係数は −0.3

以下，図は省略しますが，相関係数が −0.9 のデータは，−45 度線を中心としたバラツキになります．相関係数が −1 のデータは，傾きがマイナスの直線に乗ります．

8.3 相関係数の諸問題

相関係数に関する重要な性質を列挙します．

●8.3.1 相関係数が無意味なデータ

相関係数は二値データの散らばりの様子を集約するのに便利ですが，相関係数が役に立たないデータもあります．一つは，二値が縦軸（y 軸）あるいは横軸（x 軸）に関して対称になっているときで，相関係数は 0 になります．図 8.12 がこのようなデータで，二値データは縦軸に関して対称です．1 つのペア (x, y)

には，必ず対称なペア（$-x, y$）があります．そのために相関係数は0になります．ですから，相関係数を求めるより，この対称性を見つけるほうが重要です．

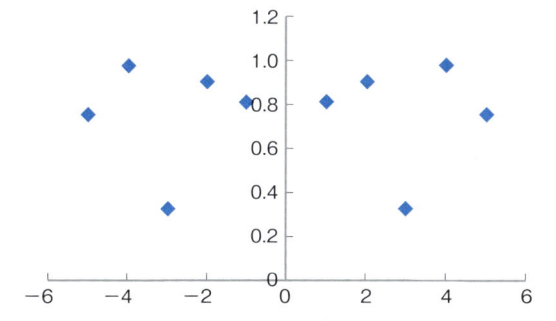

図 8.12　縦軸に関して左右対称なデータ（相関係数は無意味）

図 8.13 のデータは，座標の2乗和が9となる円になっています．相関係数はもちろん0です．図 8.13 では，相関係数は0でありながら，2つの値には厳密な関係があることが重要です．厳密な関係があるのに，相関係数は0となり，相関係数値だけを見ると関係がないという結果になります．相関係数は役に立ちません．

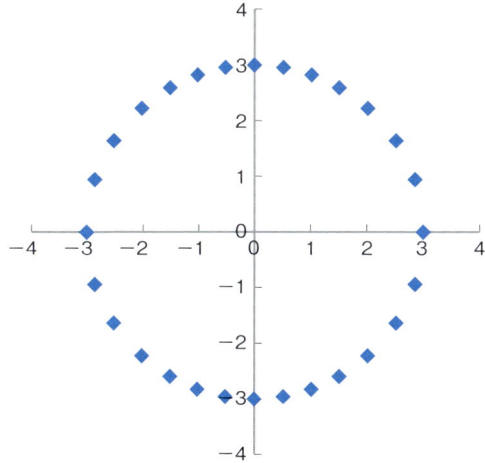

図 8.13　データは円に乗る（相関係数は無意味）

最後の図 8.14 は，データが曲線になります．このデータでは相関係数は0ではありませんが，相関係数は意味を持ちません．このデータでも，曲線の関係

を明らかにすることが重要です．相関係数を計算すれば，0.14 でした．

図 8.14　曲線に乗るデータ（相関係数は無意味）

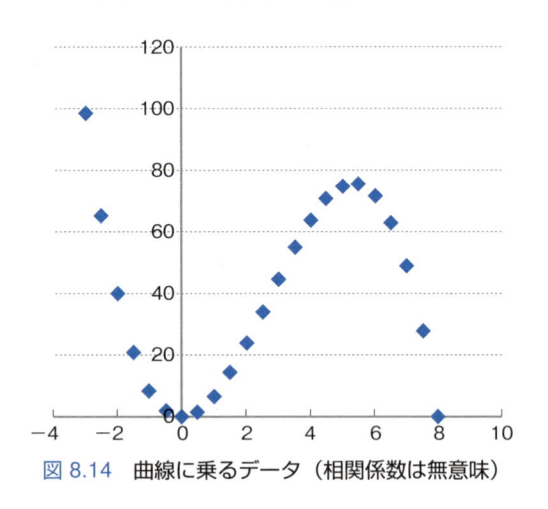

●8.3.2　層別化の影響

　層別化とは，データ全体のグループ分けのことです．データ全体の相関係数と，グループ分けをして計算した各グループでの相関係数が大きく違う可能性があります（この現象はシンプソンのパラドックスにつながっています）．例を通してこの現象を検討しましょう．

　アジアの国々に関する 1 人あたり所得（1 人あたり GNI）と，男性の寿命の相関を見ます．データは表 8.4 です．アジアの 16 の国を 1 人あたり年間所得順（低い順）に並べました．3 列目の順位がそれを示しています．4 列目は男性の平均寿命ですが，最低はカンボジアの 60.8，最長は日本の 79.6 ですから，ほぼ 20 年の寿命の差があります．5 列目は 16 国における寿命の順位（短い順）です．ヨーロッパに比べればアジアには貧しい国が多く，インドの 1 人あたり年間所得は日本の $\frac{1}{30}$ です．ですから表中の全 16 国を比べても一部の国の所得と寿命が突出しています．

　低所得 12 国についての所得平均は 2160 ドル，平均寿命は 67 歳です．所得が高くなれば平均寿命も延びるのが当然だと考えられますが，実際は所得が低くても寿命が比較的長いバングラデシュ，とくに寿命が長いベトナム，所得が

表 8.4　アジア諸国の 1 人あたり GNI と男性の寿命

国名	所得	順	寿命	順	国名	所得	順	寿命	順
バングラデシュ	640	1	67.8	8	インドネシア	2160	9	66.9	7
カンボジア	690	2	60.8	1	中国	3650	10	71.4	10
ラオス	920	3	65.4	6	タイ	3730	11	70.4	9
パキスタン	1000	4	64.1	4	マレーシア	7220	12	71.6	11
ベトナム	1020	5	72.7	12	韓国	19830	13	77.0	13
インド	1220	6	63.3	2	香港	31410	14	79.7	16
モンゴル	1760	7	63.9	3	シンガポール	36880	15	79.0	14
フィリピン	1870	8	64.9	5	日本	37520	16	79.6	15

GNI は国民総所得を意味し単位はドル，寿命は 0 歳児の平均余命．データは世界銀行 "World Development Report"（2011）から得た 2009 年のものですが，一部の国は除いています．

比較的高くても寿命が短いインドやモンゴルなど，寿命は 1 人あたり年間所得だけには依存していない様子がみえてきます．国の厚生医療がどうなっているか，所得分配はどうなっているか，モンゴルのように寒い国では冬の暖房はどうなっているのかなど，いろいろと疑問が生じます．他方，年間所得が 3000 ドルを超える国では，平均寿命が 70 歳を下回ることがないというのも事実です．

散布図（図 8.15）を 16 国について描きましたが，この散布図を見ても，高所得，高寿命の 4 国は別グループにしたほうがよいことが分かるのではないでしょうか．この 4 国の中でも，3 万ドルを超える 3 国の寿命はほぼ 80 歳になっており，2 万ドルの韓国とは別に扱ったほうがよいでしょう．

所得が低い 12 国において，所得と寿命に関する相関係数は，0.59（$z=2.3$）で

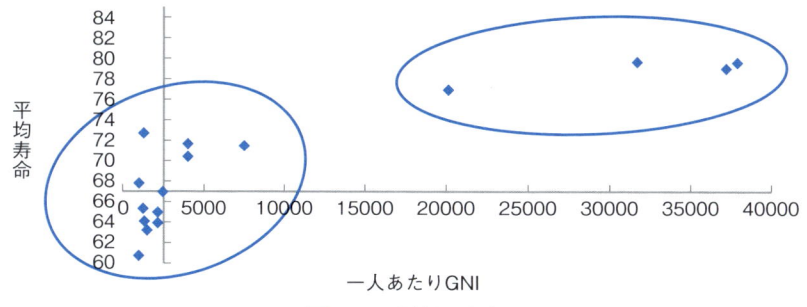

図 8.15　所得と寿命

やや有意でした．この12国と比べると，韓国，シンガポール，香港，日本の所得および寿命は群を抜いています．ですから，高所得の4国を含むと，相関係数は0.87（$z=6.5$）に跳ね上がり，はっきりと有意になります．

統計学では，グループ分けを層別化とよびます．層別化をしないと，低所得12国の弱い相関が，高所得4国に引っ張られて非常に強い相関に変わったりします．全体としては相関は弱いが，層別化により強い相関が見えてくるという逆の現象が起きる可能性があります．

■ 順位相関係数

二値についての相関係数と同じく，二値の順位（順番）について相関係数を計算することができます．データが大であれば，このような順位に関する相関係数も，いままで説明した相関係数と取扱いは同じになります．検定もまったく同じです．zを使うか，もし二値が正規分布をしていると前提されるならば，t検定を使うこともできます．

表8.4では，所得および寿命の順位もつけてあります．所得が低額である12国と平均寿命が短い12国は一致するので，この12国について順位に関する相関係数を求めると，0.45になりました．データが順位であっても，相関係数の計算方法は同じです．zを計算すると

$$z = \sqrt{12}\frac{0.45}{\sqrt{1-0.45^2}} = 1.75$$

となり，片側5％検定の境界値1.65を超えます．したがって，二値の順位には相関はないという帰無仮説は棄却されます．片側P値は0.04で，わずかに0.05より小さくなっています．

❖ コラム　見せかけの相関

二値の結びつきを測る尺度として相関係数は便利ですが，時には誤った使い方がみられます．たまたま得られた高い相関値をもとに，二値の間での因果関係（原因と結果の関係）が主張されたりします．具体例はなかなか難しいのですが，表8.5で突拍子もない例を示しましょう．

日本では，献血の際にヒト免疫不全ウィルス（HIV）の検査が希望者に対して行われ，結果は極秘裏に献血者に知らされます．表8.5は，各年のヒトHIV保有

者の件数(日本人男女合計.「エイズ発生動向年報」(厚生労働省エイズ動向委員会))と軽四輪生産台数(日本自動車工業会ホームページ(http://www.jama.or.jp))についての1993年から2006年までの時系列データです.両値には何の関係もないのですが,相関係数は0.94となります.

このように,本来関係がない値の間に見出される高い相関を,見せかけの相関といいます.この相関係数をもとに,「軽四輪の生産数を増やすにはHIV感染者を増加させればよい」などといった,誤った関係が主張されると大変です.これは冗談に過ぎませんが,見せかけの高い相関をもとにした愚かな主張が時にみられます.

この例での高い相関は,HIV感染者数と軽四輪生産台数がともに増加傾向にあることに由来しています.増加傾向とか減少傾向をトレンドとよびますが,二値にトレンドがあると高い相関が保証されるのです.

表 8.5 ヒト HIV 保有者件数 (単位:人) と軽四輪の生産台数 (単位:万台)

年	93	94	95	96	97	98	99	00	01	02	03	04	05	06
HIV	124	166	166	230	268	297	424	368	525	521	557	680	741	836
軽四	77	84	98	95	86	116	128	126	131	128	137	137	145	156

8.4 線形の関係

二値データにおいて,二値の間に関係があるかないかを調べるためには,相関係数が役立ちます.しかし,二値の間に何らかの原因と結果の関係が予想されることがあります.このような予想がある場合では,相関係数を超え,二値の間に直線の関係を想定します.複雑な式を考えてもよいのですが,まず一番単純な直線を当てはめてみるのです.この直線に関する統計分析を回帰分析といいます.その出発点は,散布図に直線を引いて二値の間の傾向を調べることです.

自動車のスピードと,ブレーキを踏んでから停止するまでの距離に関する分析例を考えましょう.スピードが速ければ,停止までの距離は長くなるのが自

然です.ですから,スピードが原因であり,停止までの距離が結果であると考えてよいでしょう.直線の関係ですから,式で表現すれば

$$停止までの距離 = a + b \times スピード$$

となります.式は,回帰直線とか線形回帰式とよばれます.この式において,係数 a と b は値が分かりません.a と b は母数です.停止までの距離と速度は実験によりデータを集めることができます.集めたデータから,未知である係数 a と b の値を決めるのが推定です.

●8.4.1 散布図と回帰直線

相関係数の計算と同じく,回帰分析では二値データが必要です.スピードと停止までの距離については,仮想データ(表 8.6)があったとします.

表 8.6 スピードと停止までの距離

スピード (km/h)	20	40	60	80	100	120
停止までの距離 (m)	17	27	35	73	87	115

回帰式は,1次関数になっています.そこで,1次関数にならって停止までの距離とスピードを変数といいます.回帰分析では,変動を説明する変数を説明変数,変動が説明される変数を被説明変数とよびます.ここでは車のスピードが説明変数で,停止までの距離が被説明変数です.この用語は分野により異なっており,右辺のスピードは自由に変更できるので独立変数,左辺の停止距離はスピードに依存しているので従属変数といわれることもあります.他にも,右辺は回帰変数,左辺は被回帰変数などというよび方も使われます.

例から理解できるように,回帰直線の左辺と右辺は入れ替えることができません.スピードが速いから止まるまでの距離が長くなるのです.逆に,停止までの距離が長いからスピードが速くなるという説明は成立しません.このような両変数の意味のために,左辺は被説明変数,右辺は説明変数とよばれます.

表 8.6 のデータを散布図にすると図 8.16 の 6 個の点になります.スピードに応じて停止までの距離が増加していく傾向がはっきりとみえます.図中には,

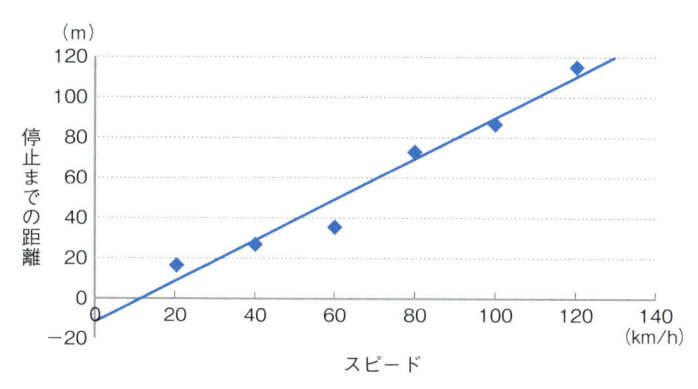

6 個の印の傾向を示す直線を入れてあります．これが回帰直線です．

図 8.16　スピードと停止までの距離

　同じスピードであっても運転者の反応，ブレーキの踏み方，車の重量，タイヤ，路面などによって停止までの距離は同じにならず，ばらつくはずです．ですから，実験を繰り返すことができれば，同じスピードでもさまざまな停止までの距離が求まるでしょう．ここでは同じスピードでの実験の繰返しはありませんが，スピードと停止までの距離は線形の関係があり，図に見える直線からのはずれは，実験の状況によるばらつきから生じていると理解します．

●8.4.2　回帰直線の推定

　線形回帰式に含まれる未知係数は，最小2乗法という計算法によって推定します．6 個の点すべてを通る直線は引けませんから，できるだけ全体の傾向を把握しうる直線を引くことを推定の目的とします．図中の直線の切片が定数項 a の推定値であり，傾きが係数 b の推定値です．この切片 a と傾き b の値を決めることが推定です．

　最小2乗法では，推定された回帰式と被説明変数値の「はずれの2乗和」を推定の基準とします．図 8.16 に書き込まれた直線をもとにすれば，特定のスピードについて，

$$残差 = 停止までの距離 - (a + b \times スピード)$$

が回帰式と被説明変数のはずれです．はずれを残差とよびますが，このような

残差が表 8.6 のデータについては 6 個あります．この残差の 2 乗和を最小にするように，a と b を決めるのが最小 2 乗法です．

最小 2 乗法に基づく計算は Excel に任せましょう（「補論」を読んでください）．この例では，
$$a = -11.8,\ b = 1.01$$
と求まりました．これらの値が求まると，残差も計算できます．たとえばスピード 60 km に対しては
$$35 - (-11.8 + 1.01 \times 60) = -13.8$$
となります．図の中で，この残差を理解できるでしょうか．横軸 60 で垂線を引き，その上における印と回帰直線の差です．印から回帰直線の値を引いているので，符号がマイナスになります．他の 5 個のスピードについても同様の計算をしないといけません．しかし，Excel の分析ツール「回帰分析」は，これらの計算をすべて行います．

●8.4.3　回帰直線の検定

推定には必ず検定が伴われます．線形回帰での基本的な検定は，計算された切片と傾きの有意性検定です．有意性検定とは，たとえば傾き係数が 0 という帰無仮説が，棄却できるかどうかという検定です．第 7 章で平均は 0 かどうかという検定を説明しましたが，考え方はまったく同じです．ただし，第 7 章で使った SE の計算が面倒になります．そこで，この章では，SE の計算も Excel のようなソフトに任せましょう．そうすると，推定された回帰式は
$$\text{停止までの距離} = -11.8(-1.4) + 1.01(9.4746) \times \text{スピード}$$
となりました．カッコの中に，切片と傾きの z 値を記入しました．慣習的に，z 値は t 値とよばれます．

検定は，傾き係数については z が 9.5 であることを使います．帰無仮説は傾き係数が 0，対立仮説はプラスの値であると設定します．スピードが速ければ，距離は延びると考えるから，対立仮説では傾きはプラスの値になります．です

から，検定はプラス側の片側検定になり，標準正規分布より，5％の境界値は1.65となります．しかし，この係数の z 値は 9.5 ですから，明らかに境界値を超えており，帰無仮説は棄却されます．傾きは 0 ではありません．つまり，このデータについては，スピード変数の係数はプラスの値であると判定できます．

切片については，帰無仮説は 0，対立仮説は 0 ではない，が適切でしょう．そうすると境界値は -1.96 と $+1.96$ ですが，z 値は -1.4 ですから，帰無仮説は棄却できません．しかし，回帰式の切片は，スピード変数の係数と異なり意味を持ちませんから，帰無仮説が棄却できなくても困りません．

最後に，ちょっと不思議な関係を書いておきます．回帰式の被説明変数と説明変数の相関係数を計算すると，0.9784 となりました．そこで，停止距離とスピードの間の相関が 0 かどうかの検定をするために 8.2.3 項の方法で z を計算します．そうすると

$$z = \sqrt{6-4} \times \frac{0.9784}{\sqrt{1-0.9784 \times 0.9784}} = 9.4746$$

となります．これは傾き係数の z 値と同じです．不思議ではありませんか．

●練習問題●

8.1 行和と列和が与えられています．値が0のセルはないとして，空いている4個のセルを埋める組合せを2組考えなさい．次に，0のセルを考慮して，さらに2組のセルの組合せを考えなさい．

		3
		7
6	4	10

8.2 表8.4を入力し，Excelを用いて所得と寿命の散布図を作りなさい（所得を横軸，寿命を縦軸にとること）．同じく，順位についても散布図を作りなさい．

8.3 表8.4をExcelに入力し，Excelの関数「=correl(所得データの範囲,寿命データの範囲)」として，高所得の4国を除く場合と含む場合の両方について，所得と寿命の相関係数を計算しなさい．また，同じ計算法を使い，高所得の4国を除く場合，含む場合の両方について，所得と寿命の順位に関する相関係数を計算しなさい．

8.4 表8.5について，散布図を作成しなさい．また，相関係数および順位相関係数を求めなさい．

8.5 補論——偏相関係数と Excel「回帰」

隠れた要因によって強い相関が生じるという見せかけの相関があります．例として，表 8.7 の出生率（人口 1000 人あたりの出生数）と 5 歳児死亡率の相関を求めます．5 歳児死亡率とは，誕生した 1000 人が 5 歳に達したときに，すでに亡くなっている子の数です．ただし，表 8.4 と同様，所得が高い国々は指標の意味が異なっていると考え，1 人あたり GNI が 5000 ドル以下のタイまでを計算に入れました．ですから，マレーシア，韓国，日本は参考のために記載してあります．計算により，相関係数は $r_{出, 5} = 0.771$ と求まりました（「出」は出生率，「5」は 5 歳児を意味します）．z 値は

$$z = \sqrt{11-2}\frac{0.77}{\sqrt{1-0.77^2}} = 3.63$$

となり，相関係数は 0 であるという帰無仮説は棄却されます（n を使っても，$n-2$ を使っても結果は変わりません）．両側 5 ％の境界値は，プラス側で 1.96 です．しかし，出生率と，5 歳児死亡率の相関が高いというのは，おかしいですね．出生数が多ければ，死亡数が増えるでしょうが，たくさん生まれれば死亡率が高くなるというのは理屈に合いません．

表 8.7 アジア諸国の 1 人あたり GNI と人口指標

国名	所得	出生率	死亡率	国名	所得	出生率	死亡率
バングラデシュ	640	21.3	64.2	フィリピン	1870	25.8	34.5
カンボジア	690	23.0	72.7	インドネシア	2160	19.0	43.7
ラオス	920	23.8	68.9	中国	3650	12.1	24.9
パキスタン	1000	27.8	93.6	タイ	3730	12.7	15.1
ベトナム	1020	17.0	28.5	マレーシア	7220	20.8	8.1
インド	1220	22.8	73.2	韓国	19830	9.4	5.3
モンゴル	1760	23.1	43.9	日本	37520	8.7	3.8

出生率は人口 1000 人あたりの生まれた数．4 列目は，5 歳児死亡率で，出生者 1000 人につき，5 歳に達したときにすでに死亡している者の数（世界銀行データ）．

■ 偏相関係数

　この例では，出生率および5歳児死亡率に強い影響を与える第三の要因によって，高い相関が生じています．第三の要因は1人あたりGNIです．所得の高い国々は医療や福祉が発達しているため5歳児死亡率は減少します．貧しい国では逆の現象が起きます．また，今日の世界では所得の高い国々の出生率はおおむね小さいことが知られています．したがって，GNIが，出生率と5歳児死亡率の両方の変動を説明しているのです．

　このような例では，二値の相関を求めるときに，GNIの影響を除くのが正しい計算法です．GNIの影響を排除した相関係数を偏相関係数といいます．

　偏相関係数の計算には，記号を使えば$r_{出, G}$と$r_{G, 5}$を先に求めないといけません（「G」はGNIを意味します）．これらは，出生率とGNIの相関係数，GNIと5歳児死亡率の相関係数です．値が3系列あるから相関係数は3組計算でき，それらをすべて求めるということです（$r_{出, G} = -0.75$，$r_{G, 5} = -0.75$でした）．そうすると，GNIの影響を除いた出生率と5歳児死亡率の偏相関係数は，大変面倒ですが，

$$r_{出, 5|G} = \frac{r_{出, 5} - r_{出, G} \times r_{G, 5}}{\sqrt{(1 - r_{出, G} \times r_{出, G})(1 - r_{G, 5} \times r_{G, 5})}}$$

という式で求まります．

　この例では，$r_{出, 5|G} = 0.48$となりました．0.48ならたいして高い相関値ではないので，0.77とは違う印象がもたらされます．zを計算すると，1.52でした（ここでは$\sqrt{11-2}$ではなく，$\sqrt{11-3}$を使うのが厳密な計算であることが知られています）．検定をすると，境界値はプラスとマイナスの1.96であり，相関は0であるという帰無仮説は棄却できません．

■ Excel「回帰分析」

　分析ツールが，第1章「補論」の指示に従って，アドインされているとします．データリボンの右端にある［データ分析］をクリックし，「回帰分析」を使えば，回帰式の推定は容易です．

　1　「入力y範囲」に，被説明変数の範囲（列）を指定します．
　2　「入力x範囲」に，説明変数の範囲を指定します．この例では説明変数が

1個ですが，説明変数が2個あれば，2個を2列に横に並べておいて指定します．

　3　「一覧の出力先」として，計算結果を表示する最初のセルを指定します．

　4　「残差」にチェックを入れ，残差の計算をします．

　このような指示により，係数，SE（標準誤差），t値（z値），そして，t値（z値）のP値，などがすべて計算されます．簡単です．データに系列の名前を入れているときは範囲の設定に注意し，また，「ラベル」にもチェックを入れましょう．

第9章

補論──確率入門

結果が何になるか不確定な現象を理解するためには，確率の概念が必要です．本書では，これまで確率の代わりに比率という言葉をよく使いました．言葉としては，データから計算される割合は比率ですが，あらかじめ決まっている比率，たとえばサイコロの1が出る比率，$\frac{1}{6}$ のようなものは，確率と表現するのが普通です．正規分布の裾の部分の面積も確率です．本書の内容をよく理解し，またより幅広く統計学の勉強をするためには確率の性質に慣れ親しむことが必要でしょう．

確率を計算する際に，サイコロの出る目などの結果を事象といいます．複雑な事象の確率計算ができるには，事象の独立性，条件つき確率などの考え方を理解しないといけません．今日でもよく使われるベイズ・ルール（ベイズの定理）も説明します．章の最後に確率を使った興味ある話を紹介します．

9.1 確 率

確率とは，ある結果が起きる可能性を0から1までの数値で表した尺度です．その結果が起きる可能性がなければ確率は0，可能性が高いほど確率も高くなり，1に近づきます．ある結果が確実に起こるなら，確率は1です．硬貨の表が出る確率は $\frac{1}{2}$，サイコロのある目が出る確率は $\frac{1}{6}$ です．明日は晴れになる確率も，たとえば70%，0.7などと表します．

■ 事 象

結果があらかじめ決まっていない出来事の，可能な結果のことを事象といいます．サイコロを転がして出る目なら，1から6の整数が事象です．サイコロを転がしても偶数と奇数にしか関心がないときは，偶数と奇数という事象もあります．また，全事象という用語は，サイコロを転がす例なら1から6の整数のどれかが出るという内容を持ちます．サイコロが角で立ったりはしないことを前提にしています．

■ 和事象と積事象

2つの事象のどちらかが起きるという事象を，和事象といいます．サイコロの例では，Aを偶数の目（2か4か6），Bを4以下の目（1か2か3か4）とすれば，AとBの和事象は「AあるいはBが起きる」という事象で，（1か2か3か4か6が出る）になります．全事象は，すべての事象の和事象です．積事象は「AとBが両方起きる」という事象で，共通な要素を探すと，（2か4）となります．

Cを（2か4），Dを（1か3）とすれば，共通な要素がないので，「CとDが両方起きる」というCとDの積事象は空っぽです．このとき，CとDは排反しているといいます．

●9.1.1　確率の基本ルール

確率は次の3つの基本ルールを満たします．

P1　可能な結果（事象）が起きる確率は0以上1以下です．ある事象の確率をP(事象)と表記すると，

$$0 \leq P(事象) \leq 1$$

と書きます．

P2　可能な結果のどれかが起きる確率は1です．全事象が起きる確率は1といいます．

P3　共通部分がない2つの事象AとBについて，AかBのどちらかが起きる確率は，Aの起きる確率とBの起きる確率の和となります．つまり，

$$P(A あるいは B が起きる) = P(A) + P(B)$$

となります.

　サイコロを転がすのであれば，1から6までの目の1つが出るのですから，たとえば1の目が出る確率は0以上1以下です．実際は高校数学で習ったように，1の目が出る確率は，$P(1) = \dfrac{1}{6}$ です．事象が（2か4か6）とすれば，目の数よりこの事象が起きる確率は $\dfrac{3}{6} = \dfrac{1}{2}$ です．Ｐ１は成立します．

　サイコロなら1から6までの目のどれかが出ますから，

$$P(1か2か3か4か5か6が出る) = 1$$

で，Ｐ２も成立します．全事象の確率は1になります．

　Ｃを（2か4），Ｄを（1か3）とすれば，共通部分はありません．目の数より

$$P(Cが起きる) = \dfrac{1}{3},\ P(Dが起きる) = \dfrac{1}{3}$$

で，

$$P(C) + P(D) = \dfrac{2}{3}$$

となります．実際，ＣとＤの和事象は（1か2か3か4）だから，この和事象が起きる確率は

$$P(CあるいはDが起きる) = P(1か2か3か4が起きる) = \dfrac{2}{3}$$

となっており，Ｐ３も成立します．

●9.1.2　確率の性質

　3つのルールの下で確率に関するさまざまな性質を導くことができます．基本的な性質を紹介しましょう．

　1　事象Ａに対して，Ａが起きないという事象をＡの余事象とよびます．Ａの反対の事象です．1からＡが起きる確率を引けばＡの余事象が起きる確率が求まります．サイコロの例では，偶数（2か4か6）の余事象は奇数（1か3か5）で，偶数が起きる確率は $\dfrac{1}{2}$ ですから，奇数が出る確率は，1から偶数が出る確率 $\dfrac{1}{2}$ を引けば求まります．

$$P(1か3か5が出る) = 1 - P(2か4か6が出る) = \dfrac{1}{2}$$

となります．こんなルールを使わなくても，奇数の確率が $\frac{1}{2}$ であることは当然です．ある事象とその余事象は排反しています．

2　任意の2つの事象AとBについて，

$$P(A\,あるいは\,B\,が起きる) = P(A) + P(B) - P(A\,と\,B\,が両方起きる)$$

となります．これはP3を一般化してどんな事象にもあてはまるようにしたものです．この性質を加法ルールといいます．Aが（2か4），Bが（1か4か5）だと，Aが起きる確率は $\frac{1}{3}$, Bが起きる確率は $\frac{1}{2}$ です．AとBが両方起きるのは（4）だけで，その確率は $\frac{1}{6}$ になります．だから，

$$P(A\,あるいは\,B\,が起きる) = \frac{1}{3} + \frac{1}{2} - \frac{1}{6} = \frac{2}{3}$$

となります．この加法ルールを使わなくても，

$$(A\,あるいは\,B\,が起きる) = (1\,か\,2\,か\,4\,か\,5\,が出る)$$

で，この事象が起きる確率は $\frac{2}{3}$ だと分かります．

視覚的には，図9.1 から，加法ルールが成立することは明らかではないでしょうか．右辺の最初の図形が「A あるいは B が起きる」事象です．右辺の2つ目は「A と B が両方起きる」事象です．共通部分が重なることに配慮しているのです．

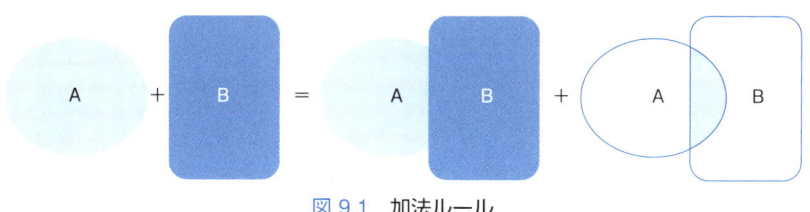

図9.1　加法ルール

● 9.1.3 事象の数

ある事象が起きる確率を計算する方法の一つは，図を描いてみることです．たとえば缶の中に青玉2個と白玉1個が入っているとします．玉を2個とり出すときに，2個のうち白玉が1個含まれる確率を求めてみましょう．

とり出す2個を系統的に示したのが図9.2です．可能な結果の総数は，図の右端から明らかなように6となります．またこの6ケースが起きる確率は同じです．6ケースのうち，白玉が含まれるケースの数は2ですから，白玉が入る確率は6ケース中の2ケース，つまり $\frac{2}{6}$ となります．

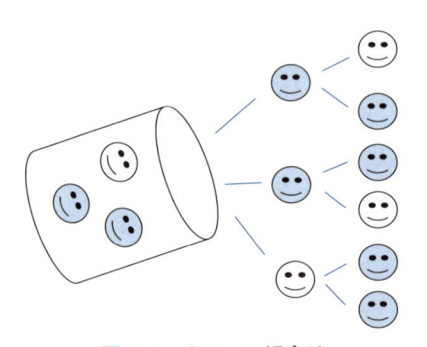

図 9.2　すべての組合せ

例9.1　じゃんけん

3人がじゃんけんをした際に，誰か1人が勝つ確率を計算しましょう．最初にケースの総数を求めますが，「ケースの総数」は，図を描けば分かります．まず，A君がグーのケースを考えてみましょう．

1　A君がグー，B君がグー，C君がグー，チョキ，パーで，3ケース（図9.3）．
2　A君がグー，B君がチョキ，C君がグー，チョキ，パーで，3ケース．
3　A君がグー，B君がパー，C君がグー，チョキ，パーで，3ケース．

A君がグーを出すのは以上の9ケースです．次に，A君がチョキ，さらにA

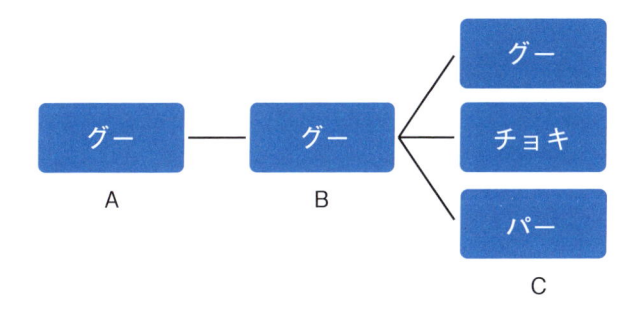

図 9.3　じゃんけんの組合せ例

君がパーと変えていくと，全部で 27 ケースになります．

誰か 1 人が勝つ確率を求めます．A 君が勝つ場合は，A 君がグーで他がチョキ，A 君がチョキで他がパー，A 君がパーで他がグーの 3 ケースがありえます．これが 3 人では 9 ケースになります．ですから，誰か 1 人が勝つ確率は

$$\frac{9}{27} = \frac{1}{3}$$

です．

3 人のうち 2 人が勝つ確率を計算しましょう．2 人が勝つ確率は，1 人が負ける確率と同じです．1 人が負ける確率は 1 人が勝つ確率と同じで，2 人が勝つ確率は $\frac{1}{3}$ です．

最後に誰も勝たない確率を求めます．「誰も勝たない」という事象は「誰か勝つ」という事象の余事象で，その確率は，1 から誰かが勝つ確率を引けば求まります．誰かが勝つとは，1 人が勝つ場合と，2 人が勝つ場合の 2 ケースがあります．ですから，

$$1 - \frac{1}{3} - \frac{1}{3} = \frac{1}{3}$$

です．

直接計算すると，3 人とも同じ手になる場合が 3 ケースあります．3 人とも異なる手になるケースは，実際に書いてみると，6 ケースです．つまり，引き分けは 9 ケースとなり，誰も勝たない確率 $\frac{1}{3}$ が確認できます．（例 終わり）

9.2 条件つき確率と独立な事象

●9.2.1 条件つき確率

事象 A が生じたという条件の下で事象 B が生じる確率を，A の下での B の条件つき確率とよび，

$$P(B|A)$$

と書きます．硬貨を 2 回投げる例で，A は（1 回目に表が出る）という事象にします．B は（2 回目に表が出る）とします．この硬貨を 2 回投げるゲームの結果を（1 回目，2 回目）という順で示すと，すべてのケースは（表，表），（表，裏），（裏，表），（裏，裏）となります．条件つき確率の計算法は 2 つあります．

1　条件を満たすケースだけをとりあげてみましょう．1 回目が表という A の条件がつけば，（表，表），（表，裏）の 2 ケースしか残りません．これは，A という条件がついたときに起きるケースです．この 2 ケースのうちで B が生じる確率は $\frac{1}{2}$ です．条件つき確率を計算するときは，条件を満たすケースの間だけで，B が起きる確率を計算します．

2　すべてのケースをもとに計算をしましょう．条件つき確率を計算するこの方法では

$$P(B|A) = \frac{P(A \text{ と } B \text{ が両方起きる})}{P(A)}$$

という関係式を使って，この式の右辺を計算します．右辺の分母は A が起きる（周辺）確率，分子は，A と B の積事象の確率です．すでに述べたように，積事象とは，A と B が両方起きる事象です．硬貨投げでは，すべてのケースは（表，表），（表，裏），（裏，表），（裏，裏）なので，A が起きる（周辺）確率は

$$P(A) = \frac{2}{4}$$

また，A と B が両方起きる事象とは（表，表）で，

$$P(A \text{ と } B \text{ が両方起きる}) = \frac{1}{4}$$

となります．ですから，求める条件つき確率は $\frac{1}{2}$ です．

色が赤と青の2個のサイコロを転がし，目の和が4という条件の下で，2個のサイコロの目が等しくなる条件つき確率を計算しましょう．目の和が4だから，目の組合せは (2,2), (1,3), (3,1) しか可能でありません．この3個の根元事象の中で (2,2) が出る確率は $\frac{1}{3}$ となります．条件つきのケースを考えるとこのように計算できます．

すべてのケースで考えると，目の組合せが 6×6 で36通りありますから，

$$P(\text{目の和が }4) = \frac{3}{36}$$

また，

$$P(\text{目の和が }4\text{ で目が同じ}) = \frac{1}{36}$$

となり，比をとれば，同じ確率が求まります．

例9.2 3人の子

ある夫婦が結婚後，将来3人の子を作る計画を立てました．3人の子の男，女の組合せは順序も考慮すると8ケースあります．とくに第1子，第2子，第3子の順に（男，男，男）となる確率は $\frac{1}{8}$ です．この確率は，女が少なくとも1人混じる確率 $\frac{7}{8}$ よりかなり低いので，まずあり得ないと夫婦は考えました．時が経ち夫婦に2児ができましたが，2人とも男子でした．ここで第3子が男である確率を計算してみましょう．

Aを「最初の2児が男」という事象にし，Bを「第3子が男」という事象とします．求めるのは，Aの条件の下でBが起きる条件つき確率です．Aが含むケースは（男，男，男）と（男，男，女）だけで，Bが起きるのは

$$P(B|A) = \frac{1}{2}$$

となります．2人生まれた後で，3人目が男である確率と女である確率は同じになります．図9.4を参考にしてください．

すべてのケースで考える計算法ではどうなるでしょうか．AとBの積事象は「AとBが両方起きる」で3人とも男となり，（男，男，男）です．全体は（女，女，女）から始まって8ケースあり，

$$P(A\text{と}B\text{が両方起きる}) = P(\text{男},\text{男},\text{男}) = \frac{1}{8}$$

```
                  すべてのケース
              （男，女，男）（男，女，女）など

                        条件つきのケース
                          （男，男，男）
                          （男，男，女）
```

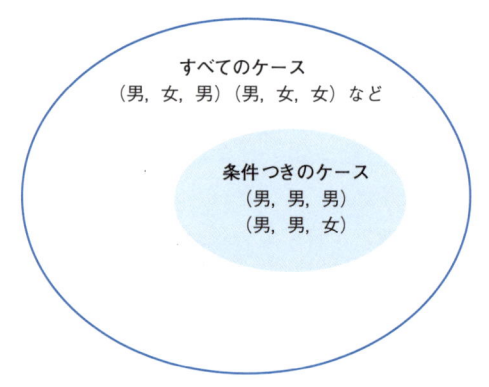

図 9.4　条件つき確率の計算

です．また，第2子までを考えると，(男, 男), (男, 女), (女, 男), (女, 女) の4ケースですから，

$$P(A) = P(男, 男) = \frac{1}{4}$$

です．結局，全体で考えても，A の下で第3子も男になる条件つき確率は $\frac{1}{2}$ となります．（例終わり）

●9.2.2　独立性と従属性

条件つき確率と条件のない確率が同じになるなら，条件つき確率は条件に影響されません．このとき，2つの事象は互いに独立であるといいます．事象 A と B の独立性の条件は，

$$P(B|A) = P(B)$$

あるいは

$$P(A|B) = P(A)$$

となることです．いずれの条件が満たされていても，「A と B が両方起きる」という積事象に関して，

$$P(A と B が両方起きる) = P(A) \times P(B)$$

が成立します．この式は，条件つき確率の分母を右辺に掛けて求まります．事象 A が事象 B に影響しないなら，事象 B も事象 A の起きる確率に影響を及ぼ

しません．

逆に，積事象が起きる確率が，個々の事象の起きる確率の積にならないとき，2つの事象は互いに従属であるといいます．

例9.3 2個のサイコロ転がし
赤青2色のサイコロを転がすゲームで，「赤のサイコロが偶数になる」事象をAとし，「青のサイコロが2以下になる」事象をBとします．

2つのサイコロが示す目の組合せは，総数は36だから，各ケースが起きる確率は$\frac{1}{36}$です．事象Aに含まれるケースの数は赤が偶数で，青は1から6までどれでもよいから18，事象Bに含まれるケースの数は青が1か2で，赤は1から6までどれでもよいから12です．

AとBの積事象は「赤のサイコロが偶数で，青のサイコロが2以下」というケースですから，（赤の目，青の目）の順で記すと，$(2,1),(4,1),(6,1),(2,2),(4,2),(6,2)$の6ケースだけです．

以上より，
$$P(A) \times P(B) = \frac{1}{2} \times \frac{1}{3} = \frac{1}{6}$$
また，積事象の確率は
$$P(A と B が両方起きる) = P((2,1),(4,1),(6,1),(2,2),(4,2),(6,2)) = \frac{1}{6}$$
となり，両者が一致し，AとBが独立であることが分かります．

条件を課した上での確率を計算してチェックします．ここで，Bの下でAが起こる条件つき確率を求めると，36ケースのうちBを満たすのは12ケースです．そのうちAを満たすのは6ケースなので，
$$P(A|B) = \frac{6}{12} = \frac{1}{2}$$
他方，Aが起きる確率は$\frac{1}{2}$で，等しくなります．BはAに影響を及ぼしません．ですから，AとBは独立です．

Aの下でBの起きる条件つき確率は
$$P(B|A) = \frac{6}{18} = \frac{1}{3}$$

と求まります．$P(B)$ も $\frac{1}{3}$ なので，A は B に影響を及ぼしません．（例終わり）

■ 独立な実験

これまでの例では，1つの実験の中で硬貨を2個投げたりサイコロを2個転がしたりしてきました．しかしこれらの試行は硬貨を1個投げる実験を2回繰り返したとみなすこともできます．個々の実験の結果は，他の実験の結果に影響を与えない独立な実験になっています．

2個の硬貨投げでは表と裏の4つの組合せが可能ですが，独立な実験の観点からは次のようになります．硬貨を投げる実験を2回繰り返すと，各実験は独立で，他の実験の結果に影響を及ぼしません．そうすると1回目の結果をA，2回目の結果をBとすれば，

$$P(A と B が起きる) = P(A) \times P(B)$$

となります．

例9.4 ロボットの回路　　あるロボットには3個の分離した回路部があるとします．ロボットが動くためには，すべての回路部が作動しないといけません．また，安全のために個々の回路部が二重になっていて，1個が故障しても残りが作動すればよいようになっています．ですから，ある回路部の補完的な2個の回路が両方とも故障するとロボットは動かなくなります．さらに，個々の回路の故障率は0.1であり，この故障率は他の回路の状態に依存しないとします．このロボットについて，

a）最初の回路部を信号が通過しない確率を求めましょう．この計算は，二重の回路の両方が故障する確率で，0.1の2乗であり，0.01になります．

b）最初の回路部を信号が通過する確率を求めましょう．この事象はa）の余事象なので，$1 - 0.01 = 0.99$ です．

c）すべての回路部を信号が通過する確率を求めましょう．この事象は3個の独立な回路をすべて信号が通過する確率なのでb）の3乗，すなわち $(1 - 0.01)^3$ となります．（例終わり）

●9.2.3 誕生日のパラドックス

ここまで勉強をしてもらうと，おもしろい問題を説明することができます．何人の人が集まると，同じ誕生日の人が見つかる確率が 50 % を超えるかという問題です．自分と同じ誕生日の人がいる確率ではありません．集まった人のうち，誰かと誰か（少なくとも 2 人）の誕生日が同じになる確率を求めます．読者の皆さんは何人くらいだと思いますか．

1 年を 365 日とすれば，366 人いれば確率 1 で誰かが重なります．確率 0.5 だと半分の 183 人といった予想も出てくるのではないでしょうか．偶然があるから $\frac{1}{4}$ の 90 人と想像するかもしれません．ところが，確率計算を使った答えは 23 人となります．たった 23 人でよいことから，「誕生日のパラドックス」とよばれます．

この話では，「集まった人たちの誕生日がすべて異なる」事象の確率を計算します．その余事象が，「少なくとも 2 人の誕生日が同じになる」事象です．

集まった人たちの誕生日がすべて違う確率を求めるために，集まった人たち 23 人を適当に 1 列に並べます．もちろん，各人の誕生日は独立に決まっているとします．1 人目の誕生日は 365 日のうちの任意の 1 日です．1 人目以外の日は 364 日しか残っていないので，2 人目が 1 人目と誕生日が違う確率は，

$$\frac{364}{365}$$

となります．前の 2 人以外の誕生日は 363 日しか残っていないので，3 人目が前の 2 人と誕生日が異なる確率は，

$$\frac{363}{365}$$

です．ですから，3 人の誕生日がすべて違う確率は，「2 人目が 1 人目と違う」確率と「3 人目が前の 2 人と違う」確率を掛けて

$$\frac{364}{365} \times \frac{363}{365}$$

となります．誕生日は独立です．同様にして，4 人目が前の 3 人と誕生日が異なる確率は，残った 362 日のうちの 1 日が誕生日なので

$$\frac{362}{365}$$

であり，4人の誕生日が違う確率は

$$\frac{364}{365} \times \frac{363}{365} \times \frac{362}{365}$$

となります．このように計算していくと，23人の誕生日が違う確率は

$$\frac{364}{365} \times \frac{363}{365} \times \frac{362}{365} \times \cdots \times \frac{343}{365} \fallingdotseq 0.493$$

です．23人の中で少なくとも2人の誕生日が同じである確率は，余事象の確率ですから，

$$1 - 0.493 = 0.507$$

となり，ほぼ50％になります．

　分子の整数が人数分減っていきますから，366人いると分子が0になり，誕生日が異なる確率は0です．50人の生徒が1クラスにいるとします．先の計算を続ければ，50人の生徒の誕生日がすべて異なる確率は，0.0296，ほぼ3％になります．ですから，50人の中で少なくとも2人の誕生日が同じになる確率はほぼ97％です．

9.3　ベイズ・ルール

　条件つき確率が与えられている際に，条件となっている事象と結果となっている事象を逆にした確率を求めたいことがあります．2つの事象をAとBとすると，与えられている条件つき確率 $P(A|B)$ を使って逆の条件つき確率 $P(B|A)$ を導くのです．18世紀後半，イギリスの牧師ベイズ（Thomas Bayes）が逆の確率を導く便利なルールを考案しました（実際に逆の確率を求めるには，他の情報も必要です）．

●9.3.1　比例配分で考える

　赤玉と青玉が入っている壺甲と乙があります．2つの壺の大きさと外見は同じですが，甲には75％，乙には20％赤玉が入っているとします．この2つの

壺の1つから玉を1個とり出したところ，それが赤玉でした．このとき，とり出した壺は甲か乙か分かりません．そこで，赤玉をとり出した壺が甲である確率を計算してみましょう．すでに述べたように，甲なら75％，乙なら20％が赤玉比率ですが，この情報をもとに条件と結果が逆の「とり出した赤玉が甲壺から出てきた」確率を求めます．

この問題は，簡単な比例配分の知識により，甲だと赤玉比率は75％，乙だと赤玉比率は20％ですから，赤玉が甲から出てきた確率は

$$\frac{0.75}{0.75 + 0.20} \fallingdotseq 0.79$$

と計算するのではないでしょうか．乙から出てきた確率は，$1 - 0.79 = 0.21$ となります．2つの壺がまったく同じであれば甲と乙が選ばれる確率も同じとなりますから，この計算は正確であることが後で述べるベイズ・ルールから分かります．

壺が全部で3つ，甲の壺が2つ，乙の壺が1つあったときに，選んだ赤玉が甲から出てきた確率はどうなるでしょうか．3つの壺はまったく区別がつかないとします．そうすると，上の比例配分は少し一般化されて，赤玉が同じ2つの甲壺のどちらかから出てきた確率は，

$$\frac{0.75 + 0.75}{0.75 + 0.75 + 0.20} = \frac{0.75 \times 2}{0.75 \times 2 + 0.20} \fallingdotseq 0.88$$

となるのではないでしょうか．甲が1つ増えてチャンスが倍になるというのが理由です．

この式で，2は甲壺の数です．同じ外見の壺が全部で3個あるので，比例配分は壺甲と壺乙を選ぶ割合を使い，

$$\frac{0.75 \times \dfrac{2}{3}}{0.75 \times \dfrac{2}{3} + 0.20 \times \dfrac{1}{3}} \fallingdotseq 0.88$$

としたほうが筋が通ります．甲壺を選ぶ確率は $\dfrac{2}{3}$，甲壺が選ばれたとき赤玉をとり出せる確率は0.75という意味になっています．同じく，乙壺を選ぶ確率は $\dfrac{1}{3}$，乙壺が選ばれたとき赤玉をとり出せる確率は0.2となっています．そうす

ると甲壺から赤玉を選んだ確率は，比例配分により上の式のようになります．乙壺から選ぶ確率は，

$$\frac{0.20 \times \frac{1}{3}}{0.75 \times \frac{2}{3} + 0.20 \times \frac{1}{3}} \fallingdotseq 0.12$$

です．

例 9.5 赤玉の個数で考える　　比率を使った比例配分が理解しにくければ，2 つの壺に 100 個ずつ玉が入っており，甲壺は 100 個のうちの 75 個，乙壺は 100 個のうちの 20 個が赤であったと理解してください（図 9.5）．そして，どちらかの壺から玉をとり出したらその玉は赤でしたが，さてこの赤玉はどちらの壺から出てきたのでしょうか．こういう問題であれば，甲壺と乙壺の比例配分により，甲から出てきた確率は

$$\frac{75}{75 + 20} \fallingdotseq 0.79$$

と計算できます．

図 9.5　甲壺と乙壺

　甲壺が 2 つあって，赤玉が甲壺から出てきた比率を求めるには，甲の赤玉数は $75 \times 2 = 150$，乙は 20 なので，比例配分により，

$$\frac{75 \times 2}{75 \times 2 + 20} \fallingdotseq 0.88$$

となります．甲壺は 3 壺のうちの 2，乙壺は 3 壺のうちの 1 というウエイトを

使うと，

$$\frac{75 \times \frac{2}{3}}{75 \times \frac{2}{3} + 20 \times \frac{1}{3}} \fallingdotseq 0.88$$

と書けます．ここで個数を赤玉比率に置き換えれば，赤玉比率を使った比例配分になります．（例 終わり）

●9.3.2 条件と結果の逆転ルール

この計算を一般化したのがベイズ・ルールです．求めたいのは，赤玉が出てきたという条件をもとにして，その赤玉が甲壺から出てきた確率です．式は

$$P(甲 \mid 赤玉)$$

となります．与えられる情報は，甲壺と乙壺の赤玉比率で，これは条件つき確率

$$P(赤玉 \mid 甲から選ぶ) = 0.75$$

$$P(赤玉 \mid 乙から選ぶ) = 0.20$$

となります．さらに，甲壺と乙壺が選ばれる（周辺）比率

$$P(甲を選ぶ) = \frac{2}{3}$$

$$P(乙を選ぶ) = \frac{1}{3}$$

も与えられます．玉の色に関係がないため，周辺といいます．前章の周辺度数分布と同じ考え方です．以上の情報を使うと，比例配分の考え方により

$$P(甲 \mid 赤玉) = \frac{P(赤玉 \mid 甲から)P(甲を選ぶ)}{P(赤玉 \mid 甲から)P(甲を選ぶ) + P(赤玉 \mid 乙から)P(乙を選ぶ)}$$

となります．ベイズ・ルールとは，この条件つき確率の展開式をいいます．左辺と右辺では条件つき確率の条件と結果が逆になっています．これは，いわば条件と結果の逆転ルールです．

周辺確率 $P(甲を選ぶ)$ と $P(乙を選ぶ)$ が同じなら，単純な比例配分の考え方に戻って

$$P(甲\mid 赤玉) = \frac{P(赤玉\mid 甲から選ぶ)}{P(赤玉\mid 甲から選ぶ) + P(赤玉\mid 乙から選ぶ)}$$

と，条件と結果の逆転確率が求まります．$P(甲を選ぶ)$ と $P(乙を選ぶ)$ が異なるなら，$P(甲を選ぶ)$ と $P(乙を選ぶ)$ をウエイトとして比例配分を調整したのがベイズ・ルールです．

■ 逆転ルールの説明

少し難しくなりますが，ベイズ・ルールがなぜ正しいか説明しましょう．前節の条件つき確率を読めば，条件つき確率は

$$P(甲\mid 赤玉) = \frac{P(甲壺であり同時に赤玉)}{P(赤玉)}$$

と計算できることが分かります．いまの例では，壺はまったく同じですから，分子の「甲壺であり同時に赤玉」という事象の確率は直接は求まりません．この事象の確率は，さらに条件つき確率を用い

$$P(甲壺であり同時に赤玉) = \frac{P(甲壺であり同時に赤玉)}{P(甲を選ぶ)} P(甲を選ぶ)$$
$$= P(赤玉\mid 甲から選ぶ) P(甲を選ぶ)$$

と変形します．そして，今の問題では，この右辺が計算可能です．

分母の $P(赤玉)$ も計算ができません．しかし，赤玉は甲壺か乙壺のどちらかからきたことは確実ですから

$$P(赤玉) = P(甲壺であり同時に赤玉) + P(乙壺であり同時に赤玉)$$

と 2 つの確率に分けられます．これらの確率は直接計算できません．そこで，第 1 項は分子と同じで

$$P(甲壺であり同時に赤玉) = P(赤玉\mid 甲から選ぶ) P(甲を選ぶ)$$

第 2 項は，分子と同じ操作により，

$$P(乙壺であり同時に赤玉) = P(赤玉 \mid 乙から選ぶ)P(乙を選ぶ)$$

と条件つき確率で表現します．そして，これらの式の右辺は，与えられた情報により計算できるのです．

この計算では，「赤玉は甲壺か乙壺のどちらかからきたことは確実」と述べましたが，これが重要な条件です．

●9.3.3　更　新

ベイズ・ルールでは，壺から 1 個玉をとり出すと赤玉だったとして，とり出した壺が甲である確率を求めました．それでは，同じ壺から続けて玉をとり出し 2 個目の玉の色を新しい情報に加えると，この壺が甲である確率はどう変化するのでしょうか．この疑問に答えるのが更新の確率計算です．

話を簡単にするため，壺は甲乙 2 つでまったく同じであるケースに戻ります．$P(甲 \mid 赤玉)$ はベイズ・ルールにより

$$P(甲 \mid 赤玉) = \frac{0.75 \times \frac{1}{2}}{0.75 \times \frac{1}{2} + 0.20 \times \frac{1}{2}} = \frac{15}{19} \fallingdotseq 0.79$$

となりました．この壺が乙である確率 $P(乙 \mid 赤玉)$ は，$\frac{4}{19}$ です．ここでは，この 2 つの確率が与えられた情報であると考えます．

この壺からもう 1 個玉をとり出したら，また赤玉でした．さて，この壺が甲である確率はどうなるでしょうか．この計算を，条件つき確率の更新（アップデート）とよびます．1 回目の計算結果を使うと，$P(甲 \mid 赤玉)$ は

$$P(甲 \mid 赤玉) = \frac{0.75 \times \frac{15}{19}}{0.75 \times \frac{15}{19} + 0.20 \times \frac{4}{19}} = \frac{225}{241} \fallingdotseq 0.93$$

となり，1 回目より高い確率になります．1 回目の結果により玉をとり出す壺が甲である確率が $\frac{1}{2}$ から $\frac{15}{19}$，乙である確率が $\frac{1}{2}$ から $\frac{4}{19}$ に変更していることを使っています．更新の計算は，ベイズ・ルールの特色の一つです．

●9.3.4 青色タクシーひき逃げ事件

ベイズ・ルールでは，壺を選ぶ周辺確率が，ウエイトとして評価されないといけません．東京大学教育学部市川伸一教授の『考えることの科学——推論の認知心理学への招待』[*]には，この周辺確率を評価しない人間の習性の話が出ています．もとの話を紹介しましょう．

ある町のタクシーの 15 % は青色，85 % は緑色です．つまり

$$P(青タクシー) = 0.15, \; P(緑タクシー) = 0.85$$

が周辺確率として与えられます．ある夜この町でひき逃げ事件が起き，目撃者は青タクシーが逃げたと証言します．追加情報として，事故が起きたときと同様の状況で目撃者の証言が正しい確率を 0.8，つまり「青タクシーが逃走」という条件のもとで「青タクシーが逃げたと証言する」確率を

$$P(青と証言 \mid 青が逃走) = 0.8,$$

また「緑タクシーが逃げた」のに「青タクシーが逃げたと証言する」確率を

$$P(青と証言 \mid 緑が逃走) = 0.2$$

とします．

以上をもとに，「青タクシーが逃走」という証言を条件として，逃走した車が青タクシーである確率 $P(青が逃走 \mid 青と証言)$ を求めます．ベイズ・ルールによれば，この確率は条件と結果を逆にして

$$\frac{P(青と証言 \mid 青が逃走)P(青が逃走)}{P(青と証言 \mid 青が逃走)P(青が逃走) + P(青と証言 \mid 緑が逃走)P(緑が逃走)}$$

となります．

ここで，条件となる事象の確率 $P(青が逃走)$ と $P(緑が逃走)$ に，その町でのタクシー比率である 15 % と 85 % を当てはめます．そうすると，求める確率は

$$\frac{0.8 \times 0.15}{0.8 \times 0.15 + 0.2 \times 0.85} \fallingdotseq 0.41$$

となります．

---

[*] 市川伸一（著）『考えることの科学——推論の認知心理学への招待』中公新書，1997 年，p.95–97.

■ 自由な比例配分

以上はベイズ・ルールの応用です．前掲書は，目撃者の証言が青であり正解率が 80 ％なら，多くの人々は「青が逃走」の確率は 80 ％だと考えると述べます．式では

$$\frac{0.8}{0.8 + 0.2} = 0.8$$

となり，人々は周辺確率のウエイトを無視する習性をもつというのです．0.41 と 0.8 では結果が随分違いますね．

ウエイトを評価するベイズ・ルールの直接の応用でも，

$$P(青が逃走) = P(青タクシー) = 0.15$$

$$P(緑が逃走) = P(緑タクシー) = 0.85$$

となっていて，「青が逃走」の確率は，「町の青タクシー」比率に変わっています．緑についても同じです．筆者はこれは一つの判断だと考えます．

これが一つの判断であれば，たとえば，夜に事故があったあたりを走っているタクシーは青色がもっと多い，といった意見も出てくるはずです．ひょっとすると，夜あのあたりは青タクシーと緑タクシーの比率は同じだ，という主張があるかもしれません．比率が同じだと，最初の壺の例のようにウエイトが同じになり，ベイズ・ルールによる計算は

$$\frac{0.8 \times 0.5}{0.8 \times 0.5 + 0.2 \times 0.5} = 0.8$$

となります．ウエイトを無視する結果と同じです．

いや違う，あの辺りは夜は七三で青だという考えも出てくるでしょう．計算はしませんが，このように分析者の考えに基づいてウエイトを決めていく計算法を，ベイズ統計学といいます．分析者が決めるウエイトは事前確率（プライア）とよばれます．

例9.6 がんの検診

周辺確率の影響をみる例ですが，架空の数値を使います．がんの検診に当たって，被検診者はがんを患っているのではないかと自ら疑っている人たちの「疑あり」グループと，がんを患っていると疑っ

ていないが一応診てもらおうという人たちの「疑なし」グループに二分できるとしましょう．被検診者の全体は「疑あり」か「疑なし」に分けられます．そして，「疑あり」の人は100人，「偽なし」の人は9900人いるとします．さらに従来の検診の結果では，「疑あり」のうち6％ががんを持ち，「疑なし」のうち0.03％ががんを持っていたとします．この情報をもとに，がんにかかっている人が自ら「疑あり」と思い，検診を受ける確率を求めましょう．

与えられている情報は

$$P(がん罹患 \mid 疑あり) = 0.06, \quad P(がん罹患 \mid 疑なし) = 0.0003$$

とまとめられます．そして求めたいのは，条件と結果が逆の確率 $P(疑あり \mid がん罹患)$ です．

以上の情報から，「疑あり」でがんを罹患している人数は，$0.06 \times 100 = 6$ 人，「疑なし」でがんを罹患している人数は，$0.0003 \times 9900 \fallingdotseq 3$ 人と予想されます．比例配分で考えると，求める確率 $P(疑あり \mid がん罹患)$ は，総罹患者の中で自らがんを疑った人ですから，

$$P(疑あり \mid がん罹患) \fallingdotseq \frac{6}{6+3} = 0.67$$

となります．これがベイズ・ルールです．この例で，被検診者の人数を無視して罹患確率だけで比例配分を計算すると，

$$\frac{0.06}{0.06 + 0.0003} \fallingdotseq 0.995$$

となり大きく違ってきます．周辺確率の影響は小さくありません．

一般的には，「疑あり」の割合を1％「疑なし」の割合を99％とすると，両方を合わせれば100％です．ベイズ・ルールによる計算は，

$P(疑あり \mid がん罹患)$
$= \dfrac{P(がん罹患 \mid 疑あり) \times P(疑あり)}{P(がん罹患 \mid 疑あり) \times P(疑あり) + P(がん罹患 \mid 疑なし) \times P(疑なし)}$
$= \dfrac{0.06 \times 0.01}{0.06 \times 0.01 + 0.0003 \times 0.99} \fallingdotseq 0.67$

となり結果は変わりません．（例 終わり）

9.4 デザート

本書もこの節で最後ですので,「デザート」として興味深い確率計算を紹介しましょう. 単におもしろいだけでなく, これらの問題を理解することは, 確率に慣れるために有用です. 最初は, 前掲書『考えることの科学』にも出ている有名な話です. 前掲書はベイズ・ルールを使って解いています.

● 9.4.1 三囚人問題

3人の死刑囚A, B, Cがいましたが, そのうち1人が恩赦されることとなりました. ただし, 囚人たちは誰が恩赦になるかを知りませんが, 看守はそれを知っています. 囚人Aは看守に,「どうせBかCのどちらか, あるいは両方は死刑になるのだから, 処刑される人をBかCの1人教えてくれ」と聞きました. BかCの1人ならば, Aの処刑に関する情報は含まないので教えても問題ないと看守は考えました. そこで,「囚人Bは処刑される」と答えました. なお, この刑務所には, 嘘はつかないという正直者ルールがあるとしておきます.

BとCの2人が処刑と聞けばAの処刑はなくなります. つまりAは恩赦です. Bが処刑, Cは恩赦と答えると, Aの処刑が決まります. Bが恩赦, Cが処刑でも同じで, Aの処刑が決まります. BとC両方について情報をもたらしてはだめであると, この看守は理解しています.

■ Aが恩赦になる確率

これを聞いたAは, 答えを聞く前は自分が恩赦される確率は $\frac{1}{3}$ だったが, 看守の答えの後は, Bが処刑と決まり, 恩赦を受けるのはCか自分であるから, 恩赦の確率は $\frac{1}{2}$ になったと喜びました. つまり, 看守の情報により自分が恩赦を受ける確率が増えたと考えたのです. これは正しいのでしょうか. この確率を計算するのが三囚人問題です.

このAの考えは, 間違いです. 理由は, 恩赦は1人だから, 3人のうち2人は処刑されます. ですから,「BかCのどちらか」が処刑されることは看守にあらためて聞かなくともすでに分かっているのです. 看守に「処刑される人を

BかCの1人」を教えてもらっても，自分についての情報は増加していません．恩赦の確率は $\frac{1}{3}$ から変化せず，喜んでも仕方がないということになります．もともとAは「どうせBかCのどちらかは死刑になるのだから，処刑される人をBかCの1人教えてくれ」と看守に聞いたのですから，この言葉の通り，Aには無関係といえます．求めたいのは，看守が「BあるいはCが死刑と答えた」という条件の下で，Aが恩赦になる確率です．計算を示すと，条件つき確率ですから

$$P(\text{A恩赦} | \text{BあるいはC死刑の答え})$$
$$= \frac{P(\text{A恩赦かつ「BあるいはC死刑の答え」})}{P(\text{「BあるいはC死刑の答え」})}$$

と展開できます．ここで，BかCは必ず死刑ですから右辺の分母は1です．分子はAが恩赦ならBとCの両方が確実に死刑になりますから，看守は五分五分でBあるいはCと答えます．ですから，分子は

$$\frac{1}{2}P(\text{A恩赦かつ「B死刑の答え」}) + \frac{1}{2}P(\text{A恩赦かつ「C死刑の答え」})$$
$$= \frac{1}{2}P(\text{A恩赦}) + \frac{1}{2}P(\text{A恩赦})$$

となり，$P(\text{A恩赦})$ の確率 $\frac{1}{3}$ に一致します．

■ Cが恩赦になる確率

Bが死刑と分かれば恩赦は自分かCであり，恩赦の確率が高くなったと思い違いをしたAは，刑務所の運動時間に，「BかCのうち少なくともBは死刑になると看守が言った」とCにつぶやきました．恩赦の確率は $\frac{1}{2}$ で，これはCと同じだと思っていますから，教えてもよいと考えたのです．これを聞いたCは，自分の恩赦の確率が $\frac{1}{2}$ に高まったと思い内心小躍りして喜びました．はたして，この計算は正しいのでしょうか．

これも誤りで，Cが恩赦になる確率は $\frac{1}{2}$ ではなく，$\frac{2}{3}$ に高まります．Aが恩赦になる確率は変わらずCは高くなるというのはおかしいようですが，看守は「BかCのどちらか」という質問に答えていて，Cについての情報を加えているのです．

計算は条件つき確率を使うと簡単です．「Bが処刑」と看守が言ったのだから，この条件の下ではAが恩赦になる確率と，Cが恩赦になる確率の合計は1です．しかし，Aが恩赦になる確率は $\frac{1}{3}$ だから，Cは $\frac{2}{3}$ の確率で恩赦になります．

直接に計算すると，次のようになります．看守にとっては「Bが死刑」の答えと「Cが死刑」の答えは同じことです．ですから

$$P(看守が B が死刑と答え C は恩赦)$$
$$= P(「B 死刑 C 恩赦」あるいは「C 死刑 B 恩赦」)$$

となります．しかし，たとえば「C恩赦」なら確実に「B死刑」ですから，2段目は

$$= P(「C 恩赦」あるいは「B 恩赦」)$$

と書けます．また，両者が共に恩赦になる確率が0ですから，「BかCが恩赦」になる確率は各人が恩赦になる確率の和で $\frac{2}{3}$ となり，これが「Cが恩赦」になる確率です．

●9.4.2 モンティ・ホール問題

アメリカに「Let's make a deal」という自動車が当たる人気テレビ番組があったそうです．「make a deal」とは「取引して話をつける」という意味ですが，この番組の司会者がモンティ・ホールです．番組ではたくさんの応募者から選ばれた1人の解答者が3つの部屋A，B，Cから1室を指定します．3つの部屋の1つに新車が隠されていて，部屋が当たれば車が貰えます（図9.6）．当然ですが，確率は $\frac{1}{3}$ です．ゲームはおもしろさを増すように巧妙に仕組まれています（なお，このモンティ・ホール問題は大阪大学工学部狩野裕教授に教えてもらいました）．

解答者がまずA室を指定したとしましょう．司会者ホールはもちろんどの部屋に車が入っているか知っています．車はA室に入っているかもしれません．他の部屋かもしれません．ここで，A以外のBかCのどちらかは必ず空室であることを理解してください．BとC両方に車が入っていることはないからです．ゲームの次のステップでは，ホールがBかCの空の1室を開けて中を見せ

ます．これをB室としましょう．解答者はB室が空であることを確認してから，自分が指定する部屋をAからCに変更することができるのです．

変更せずAのまま，あるいは変更してCにする，この選択が「make a deal」です．ホールは音楽に合わせて踊りながら，「どうする，どうする」と迫ります．解答者はAのままかCに変えるか大いに悩み，視聴者も心をときめかすという筋書きです．選択が終われば，ホールは選択した部屋を開けます．そして，車が当たったかどうかが皆に分かるのです．Aに車が入っている場合，Cに変更すると大失敗になります．しかし，車はCに入っているかもしれないのです．

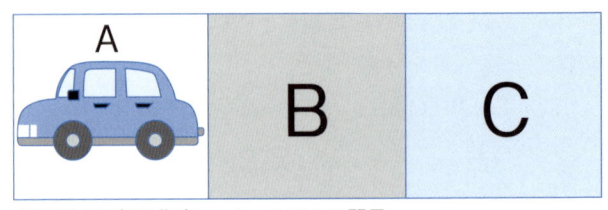

解答者の最初の指定　　　ホールによる開示
（車はAにある）　　　　（Bには車がない）

図 9.6　モンティ・ホール問題

■ 選択を変えないときの確率

このゲーム，空のB室を見てからC室に指定を変えたほうがいいのでしょうか，それともAのまま指定を変えないほうが当たる確率が高いのでしょうか．

Bが空なので，車はAかCに入っている，だからAに車が入っている確率は $\frac{1}{3}$ から $\frac{1}{2}$ に高くなった．Cに入っている確率も同じになる．こう考えるとAの指定を変える必要はありません．Cに変えても確率は $\frac{1}{2}$ で同じです．テレビを見ているすべての人はどちらでも同じだと考えました．そんなとき，マリリン・ボス・サバントという利口な女性がただ1人，この考えが誤りであると主張したということです．

三囚人問題を学んだ読者は，空であるB室あるいはC室が開けられても，Aに関する情報がまったく変化していないことに気がつくでしょう．BかCのどちらかの1室は空なのです．そうすると，B室が開けられてもAに車が入っている確率は当初の $\frac{1}{3}$ のままで，$\frac{1}{2}$ には変化しません．

第 9 章　補論——確率入門　235

■　選択を変えるときの確率

　実際には C に指定を移すと，当たる確率は $\frac{1}{2}$ ではなく，$\frac{2}{3}$ に上がります．

　この答えは次のように説明できます．仮に 3 室のうち 2 室を指定できるとすると，$\frac{2}{3}$ の確率で車が当たります．まず A 室を指定しておきます．そうするとホールは空の B か C を開けないといけません．これで 1 室の中を確認できます．さらに残りの C 室に指定を変えれば，結果として 2 室の中を確認でき，2 室を指定することと同じになるという説明です．当たる確率は $\frac{2}{3}$ です．

　空の B を開けても，A の指定を変えなければ，A が当たる確率はすでに計算したように $\frac{1}{3}$ のままです．計算は，9.4.1 項の看守をホール，恩赦を車，そして死刑を空室に置きかえて確認してください．

練習問題の考え方（略解）

【第1章】

1.3 成績の度数分布は次の通りです（S, A, B, C, F は 5 段階評価の成績）．

区間上限	①（上限以下）	②（上限未満）
60 (F)	11	6
70 (C)	13	17
80 (B)	19	18
90 (A)	10	11
100 (S)	3	4

上限値の設定によって成績評価の振り分けが変わってくることが分かると思います．

【第2章】

2.2 最頻値は 100 のうち 45 回現れた 20 以上 21 未満の区間で，区間中点は 20.5，最頻値は 20.5 です．

2.3 第1四分位点は，7 番目が 23.3 パーセント点，8 番目が 26.7 パーセント点なので，7 番目と 8 番目の平均の $\frac{2623+2637}{2} = 2630$ となります．第3四分位点については，22 番目が 73.3 パーセント点，23 番目が 76.7 パーセント点に位置します．第3四分位点は 75 パーセント点ですから，22 番目と 23 番目の平均をとります（p.33 も参照してください）．

2.4 $\{0, 4, 8\}$ は，分散 16，標準偏差 4．$\{3, 4, 5\}$ は，分散 1，標準偏差 1 なので，$\{0, 4, 8\}$ の標準偏差は $\{3, 4, 5\}$ の 4 倍．

2.5 基準化点数 $\{-1.22, 0, 1.22\}$ を使うと，偏差値は $\{38 点, 50 点, 62 点\}$ となります．第3回の基準化点数は $\{-1.389, 0.463, 0.926\}$ となり，同様に計算します．

練習問題の考え方（略解）

【第3章】

3.1 表が出たら1，裏が出たら0として，データの値を適宜決めて実際に計算します．3.1.1項の例では $0.6 - 0.6^2 = 0.24$ となります．

3.2 図3.7：平均7.14，分散1.77，標準偏差1.33，歪度 -0.016，尖度 $-0.41+3$．図3.8：平均5.98，分散3.98，標準偏差2.0，歪度 -0.74，尖度 $0.02+3$．図3.9は，平均6.20，分散2.49，標準偏差1.58，歪度0.49，尖度 $-0.23+3$．

【第4章】

4.2 平均は157.4，分散は29.47，歪度は0.08，尖度は3.02．10個の点しか使われないので，歪度0，尖度3から少しずれます．

【第5章】

5.1 10人に1から10まで番号を振ります．硬貨の表を1，裏を0として硬貨を4回投げ，出た数字を記録します．そしてその数字を十進数に直します．たとえば0110なら，
$$2^2 + 2 = 6$$
1001なら，
$$2^3 + 1 = 9$$
求まった数の3人を順に選びます．

5.2 満足していた人は $\dfrac{5+25}{30+30+20} = 0.375$．
75％に高めるには，普通の人を「満足」に加えます．
$$\frac{60}{60+20} = 0.75$$

5.6 データは1と0から構成されているので，平均は表の回数$/n = \overline{X}$ となります．だから，表の回数は $n\overline{X}$，裏の回数は $n(1-\overline{X})$．$(1-\overline{X})^2$ が表の回数 $n\overline{X}$ あり，$(0-\overline{X})^2$ が裏の回数 $n(1-\overline{X})$ あるので，分散は
$$\frac{(1-\overline{X})^2 \times n\overline{X} + (0-\overline{X})^2 \times n(1-\overline{X})}{n}.$$
整理すれば $(1-\overline{X})\overline{X}$ になります．

【第6章】

6.1 標準正規分布を使うと, $169.4 - 1.96 \times 1.16 = 167.13, 169.4 + 1.96 \times 1.16 = 171.67$. t 分布を使うと, $169.4 - 2.05 \times 1.16 = 167.02, 169.4 + 2.05 \times 1.16 = 171.78$.

6.2 「補論」に沿って計算します. 求めたいのは $3m$, $3v$ です. 分散の計算では, 交差する項は独立性により, 期待値はすべて 0 になります. したがって, 3 個の 2 乗の項だけが残ります. 詳しく見ると, 和の期待値は, 期待値記号を使うと

$$E(寿命1 + 寿命2 + 寿命3) = E(寿命1) + E(寿命2) + E(寿命3) = 3m$$

分散は,

$$\begin{aligned}V(寿命1 + 寿命2 + 寿命3) &= E\{[(寿命1 - m) + (寿命2 - m) \\ &\quad + (寿命3 - m)]^2\} \\ &= E\{(寿命1 - m)^2\} + E\{(寿命2 - m)^2\} \\ &\quad + E\{(寿命3 - m)^2\} \\ &= 3v\end{aligned}$$

交差する項については, 硬貨投げと同じで, 分布の独立性により 0. 一般の場合, $\overline{X}$ についても同様です.

6.3 0, 1, 2 の確率は, 1/4, 1/2, 1/4. なぜなら, 1 は (0,1) と (1,0) の組合せがあるからです. 同じく, 0, 1, 2, 3 が出る確率は, それぞれ 1/8, 3/8, 3/8, 1/8. 0 は (0,0,0), 1 は (1,0,0), (0,1,0), (0,0,1) の 3 組があるからです.

6.4 夫と妻の身長が独立(互いに影響を与えない)と考えれば, 明らかに正規分布になります. 独立でないとしても, やはり正規分布になります.

【第7章】

7.1 $(\overline{X} - 0.5)/0.05 = \pm 2.575$ より, 境界値 0.371 より小さい 4 個と, 境界値 0.629 より大きい 4 個の合計 8 個が棄却されます. また, その割合は 8/500 だから, 1.6%です.

7.2 95%の場合は, $0.45 - 1.96 \times 0.05 = 0.352$, $0.45 + 1.96 \times 0.05 = 0.548$ が境界値です. 99%信頼区間では, 1.96 が 2.575 に変わるだけです. いずれにせよ, この信頼区間に 0.5 が入っているので, 帰無仮説は棄却できません(95%の信頼区間は下限が 0.352, 上限が 0.548 です. この区間に入る p は

$$-1.96 < z = \frac{0.45 - p}{0.05} < 1.96$$

を満たします．0.5 もこの区間に入るから，z 値は棄却域に入りません）．

7.3　分散は $0.7\times0.3/100$，平方根を求めると SE $=0.046$．それらを使って Excel に「=NORMDIST(0.5822, 0.7, 0.046, true)」と入力すると，0.005 と分かります．基準化する場合は
$$\frac{0.5822 - 0.7}{0.046} = -2.56$$
から，同じ結果を求めます．

7.4　Excel を使う場合，「=1-NORMDIST(平均, 0.43, 0.025, true)」「=NORMDIST(平均, 0.54, 0.02, true)」と入力し，それぞれ平均に 0.5, 0.51, 0.52 を入れます．（前の式，後ろの式）の組合せで計算された値を示すと，平均 $=0.5$ のとき $(0.0026, 0.023)$，同じく 0.51 のとき $(0.00069, 0.067)$，同じく 0.52 のとき $(0.00016, 0.159)$ となります．いずれも相反していることがよく分かると思います．

7.5　$(169.4 - 171)/1.16 = -1.38$ なので帰無仮説は棄却できません．

7.6　基準化が面倒なので，近似的な正規分布により，Excel の関数を使って答えを求めます．図 7.4 をしっかり見て考えてください．帰無仮説の下の正規分布での左裾の 5 パーセント点は，「=NORMINV(0.05, 365, 5.56)」で求まり，答えは 355.855 となります．これが境界値です．この値より右の面積を対立仮説の下の正規分布から求めます．すると，「=1-NORMDIST(355.855, 355, 5.56, true)」は 0.439．これが，第二種の過誤の面積です．

参考：母集団が正規分布だとして t 分布を使うと，自由度 29 の t 分布の左裾 5％点は，「=-TINV(0.1, 29)」より，-1.70 です（Excel では，右裾の 5 パーセント点を求めるためには，0.05 ではなく 2 倍の 0.10 を指定しないといけません．左裾が必要なので，さらに符号を変えます）．したがって，基準化した値については，-1.7 が境界値となります．この値から，身長の境界値を求めると，（境界値 -365）$/5.56 = -1.7$ より，境界値は 355.55 となります．正規分布と少し値が違います．第二種の過誤を求めるために，対立仮説の下でのこの境界値の基準化値を求めないといけません．$(355.55 - 355)/5.56 = 0.099$ なので，第二種の過誤として，自由度 29 の t 分布において 0.099 より右の面積を求めれば，「=TDIST(0.099, 29, true)」より 0.461 です（NORMDIST と違い，TDIST は指定した座標値より右の面積です）．t 分布を使うと面倒ですが，正規分布を使うときと答えはあまり違いません．しかし，基準化を避けることができません．

7.7　分散は $0.1286 + 0.4514 = 0.58$ となるので，その平方根は 0.76，z は
$$\frac{-0.18 - 0.49}{0.76} = -0.88$$

となり，棄却できません．

7.8　級内変動 $= 18.98 \times (7-1) + 4.20 \times (7-1) = 139.07$，級間変動 $= 7 \times (37.14 - 37.26)^2 + 7 \times (37.37 - 37.26)^2 = 0.182$ です．

$$F = \frac{0.182/(2-1)}{139.07/(14-2)} = 0.016$$

です．分子は小さく，F 値も 1 より小さく，グループに差がないことが分かります．Excel の［分析ツール］の［分散分析：一元配置］を使うとすぐに分散分析の数値表が出てきますが，それによれば境界は 4.75 です．0.016 はそれより小さいので，帰無仮説は棄却されません．

z については，各グループの観測個数が 7 で共通だから，級内変動を使って，分母は $139.07/49 = 2.84$ と求まり，やはり帰無仮説は棄却されません．その平方根は 1.68 だから，

$$z = \frac{(37.14 - 37.37)}{1.68} = -0.135$$

となります．さらに，

$$0.0158 \times \frac{14}{12} = 0.0184$$

となります．その平方根は 0.136 となり，一致します．

【第 8 章】

8.1　左上のセルに 1 を入れ，残りを求めます．同じく 2, 0, 3 を入れ，残りを求めます．

8.4　相関係数は p.201 にあるように 0.94，順位相関係数は 0.98 という高値になります．

索 引

あ 行
青色タクシーひき逃げ事件　228

ウエイト　10, 226

円グラフ　57, 58
冤罪率　168

重み　10
折れ線グラフ　13

か 行
回帰　182, 207
回帰直線　202, 203
回帰分析　208
回帰変数　202
ガウス, K. F.　131
確率　210
片側検定　149
片側5％検定　174
片側P値　151
傾き　203
偏った標本　98, 101
狩野裕　103
加法ルール　213
観察者バイアス　160
観測個数　26

棄却域　147, 148
基準化　41, 118

期待値　139
期待値計算　140
騎兵部隊データ　55
帰無仮説　144, 155, 165, 192
逆転ルール　225
級間変動　177
級内変動　177
共分散　189
行和　188

区間数　3
区間代表値　3
区間の中点　3, 11, 80
区間の比率　5, 7, 8, 11

ケトレー, L. A. J.　60
検定　144, 192

硬貨投げ　125

さ 行
最小2乗法　203
最頻値　27, 30
三囚人問題　231
散布図　16, 185, 202
サンプリング　141

事象　210, 211
事前確率　229
質的データ　58

四分位範囲　32
四分位分散係数　46
じゃんけん　214
従属性　218
従属変数　202
自由度　49
周辺度数分布　187, 188
出力オプション　24
順位相関係数　200
条件つき確率　210, 216
身体発育曲線　34
真の確率　124
シンプソンのパラドックス　11, 164
信頼区間　128, 129
信頼係数　129

スムージング　60

正規曲線　73
正規分布　73
正規密度　73
正規密度関数　95
正規密度分布　73, 78
正に歪んだ分布　65
正の相関　189
積事象　211
絶対参照　24
切片　203
線形回帰式　202
全事象　211
尖度　69

相関　182
相関係数　191, 196
相対所得　15
相対度数　5, 7, 8
相対度数分布　9, 114
相対度数分布表　112
層別化　198, 200
総変動　177
双峰分布　61

た 行

第一種の過誤　153, 155
第三の要因　208
大数の法則　104, 105, 108, 115
第二種の過誤　154, 155
代表値　26
対立仮説　145, 155, 192
第1四分位点　32
第2四分位点　32
第3四分位点　32
ダウ平均株価　69
誕生日のパラドックス　221

チェビシェフの不等式　49
知能指数　92

中位数　28
中央値　14, 27, 28
抽出　141
中心極限定理　112, 119, 128
中心の値　26
散らばり具合　31

低出生体重児　31
データ区間　24
データの大きさ　8, 26

統計量　28, 50
ドーピング　156
独立　218
独立性　210, 218
独立変数　202
度数　2, 3, 8
度数分布　2
度数分布表　2, 3

な 行

二重盲検法　160
二進数　100, 122
二進法　100
二値データ　182

二値の同時度数分布表　186
入力範囲　24

は 行

パーセンタイル　32, 34
パイチャート　58
排反　211
範囲　32

被回帰変数　202
比重　10
ヒストグラム　8, 21, 23
被説明変数　202
百分率　2
標準化　41
標準誤差　51, 127
標準正規分布　74, 83, 85, 90
標準正規分布表　95, 96
標準偏差　38, 127
標本の大きさ　26
標本分散　126, 140, 141
標本平均　126, 141
比率　2, 210
頻度　3

ファインバーグ, S.　170
負に歪んだ分布　64
負の相関　189
プライア　229
プラスの相関　189
プラセボ　160
分散　36
分散の比　173
分配比率　15

平均　10, 27, 28, 54, 104, 124
ベイズ, T.　222
並数　30
ベイズ統計学　229
ベイズの定理　210
ベイズ・ルール　210, 222

偏差値　43
偏相関係数　208
変動係数　45

棒グラフ　5, 30
母子健康手帳　34
母集団　97, 124
母数　124
ボルトキーヴィッチ, L. von　55

ま 行

マイナスの相関　189

見せかけの相関　200

無作為標本　98

メジアン　28
メディアン　28

モード　30
モンティ・ホール問題　233

や 行

有意性検定　145
有為標本　98

余事象　212

ら 行

乱数　98, 121
乱数サイコロ　98, 121
ランダムな標本　54, 97

離散データ　53
両側検定　148
両側 P 値　151
両側 5％検定　174

累積正規分布　75, 82
累積相対所得　15

累積相対度数　12
累積相対度数分布　13, 33, 113
累積度数　12
累積分布　13, 74
ルーズベルト，F.　102

列和　188
連続データ　53

ローゼンタール，J. S.　152
ローレンツ曲線　14

わ　行
歪度　66
和事象　211

英字・数字
CV　45
F 分布　173
IQ　92
P 値　150
SD　38, 127
SE　51, 127
t 検定　166, 181
t 分布　135
1 シグマ区間　87
2 シグマ区間　39, 87, 90, 116
25 パーセント点　14, 32, 34
3 シグマ区間　39, 43, 44, 88, 116
50 パーセンタイル　14
50 パーセント点　14, 17, 32
75 パーセント点　14, 32, 34

著者紹介

森棟　公夫（もりむね　きみお）

1946 年　東京都で生まれ，香川県で育つ
1969 年　京都大学経済学部卒業
　　　　　スタンフォード大学 Ph.D.（経済学），京都大学経済学博士，
　　　　　日本統計学会賞受賞（2004 年），日本経済学会会長（2006 年度）
　　　　　計量経済学の研究功労により紫綬褒章を受章（2012 年）
現　在　椙山女学園 前理事長・大学長，京都大学名誉教授

主要著書・論文

『経済モデルの推定と検定』（共立出版，1985 年）
（1985 年度「日経・経済図書文化賞」を受賞）
『統計学入門』（新世社，1990 年；第 2 版，2000 年）
『計量経済学』（東洋経済新報社，1999 年）
『基礎コース　計量経済学』（新世社，2005 年）など

教養 統計学

2012 年 5 月 10 日 ⓒ　　初 版 発 行
2024 年 2 月 10 日　　初版第 7 刷発行

著　者　森棟公夫　　発行者　森平敏孝
　　　　　　　　　　印刷者　加藤文男
　　　　　　　　　　製本者　小西惠介

【発行】　　　　　株式会社 新世社
〒151-0051　東京都渋谷区千駄ヶ谷 1 丁目 3 番 25 号
☎ (03) 5474-8818 (代)　　サイエンスビル

【発売】　　　　　株式会社 サイエンス社
〒151-0051　東京都渋谷区千駄ヶ谷 1 丁目 3 番 25 号
営業 ☎ (03) 5474-8500 (代)　　振替 00170-7-2387
FAX ☎ (03) 5474-8900

印刷　加藤文明社　　　　製本　ブックアート
《検印省略》

本書の内容を無断で複写複製することは，著作者および出版者の権利を侵害することがありますので，その場合にはあらかじめ小社あて許諾をお求めください。

ISBN 978-4-88384-180-6
PRINTED IN JAPAN

サイエンス社・新世社のホームページのご案内
http://www.saiensu.co.jp
ご意見・ご要望は
shin@saiensu.co.jp まで．